Mein Kräutergarten rund ums Jahr

Gernot Lysek

Mein Kräutergarten rund ums Jahr

Täglich schnittfrisch und gesund würzen

FALKEN VERLAG

Umschlagbild: Zeichnung: H. Lünser; Fotos: Burda; F. Jantzen (2)
Farbtafel 1: Bunter Kräutergarten

Ebenfalls im Falken-Verlag erschienen:
I. Gabriel, »Die farbige Kräuterfibel« (Nr. 0265); G. Leibold, »Heilkräuter« (Nr. 4076); G. Leibold, »Heiltees und Kräuter für die Gesundheit« (Nr. 4123); I. Persy/K. Mieke, »Miekes Kräuter- und Gewürzbuch« (Nr. 0323); P. Pervenche, »Kräuter- und Heilpflanzen-Kochbuch« (Nr. 4066).

CIP-Kurztitelaufnahme der Deutschen Bibliothek

Lysek, Gernot:
Mein Kräutergarten rund ums Jahr: tägl. schnittfrisch u. gesund würzen / Gernot Lysek. – Niedernhausen/Ts.: Falken-Verlag, 1985.
(Falken-Sachbuch)
ISBN 3-8068-4192-6

ISBN 3 8068 4192 6

Fotos: Burda (10); J. Gabriel (3); F. Jantzen (32); G. Lysek (1)
Zeichnungen: Horst Lünser

Satz: LibroSatz, Kriftel/Ts.
Druck: Offset-Team Zumbrink, Bad Salzuflen

817 2635 4453 6271

INHALT

WAS SIND EIGENTLICH »KRÄUTER«?

Liebstöckel – ein bekanntes Würzkraut

Die Kamille – Heilpflanze für Tee und Umschläge

Bis in unsere Tage haftet dem Ausdruck »Kräuter« oder »Kräutlein« etwas Besonderes oder gar Geheimnisvolles an. Man denkt bei diesen Pflanzen sofort an spezielle Eigenschaften oder Wirkungen. Viele Märchen erzählen hiervon. Wissen über Pflanzen und die Möglichkeiten ihrer Verwendung wurde früher als wohlgehütetes Geheimnis von Mund zu Mund überliefert. Zu den ersten Drucken gehörten auch Pflanzenbücher; doch selbst sie haben kein einheitliches Verständnis des Begriffes »Kräuter« geschaffen. Es ist daher nicht verwunderlich, wenn heute noch Kräuter für jeden etwas anderes sind.

Für die Botaniker sind sie einfach Pflanzen, die keine verholzten Teile ausbilden; also abgesehen von Bäumen und Sträuchern praktisch alle grünen Pflanzen, die in der Natur zu finden sind.

Die ersten Botaniker waren meist Apotheker. Sie hatten ein besonderes Interesse an Pflanzen, die sich auch pharmazeutisch nutzen ließen. Hierdurch gingen in die ersten Kräuterbücher vor allem Gift- und Arzneipflanzen ein. Seither schwingt bis in unsere Tage bei dem Begriff »Kräuter« der Gedanke an heilkräftige Wirkungen mit. Der Ausdruck »Pflanzen« bezeichnet demgegenüber im allgemeinen Sprachgebrauch Gewächse, die keine ausdrückliche Bedeutung für die Medizin oder – in späteren Zeiten – das Essen haben.

Krankheiten und damit die Heilmittel spielen eine große Rolle im menschlichen Leben. Heilkräftige Pflanzen waren deshalb stets wichtig in der Medizin. Viele dieser gesuchten Kräuter wurden später als Tee oder Gewürz genutzt und gelangten in die Küche. Der Ausdruck »Kräutlein« bezeichnete also nicht nur Arznei-, sondern auch Tee- und Gewürzpflanzen. Und noch heute gebrauchen wir Kamille, Pfefferminze oder Salbei gleichermaßen als Tee, Gewürz oder als wohlfeile Arznei.

Doch ganz so einfach war die Angelegenheit nicht. Um die benötigten Pflanzen zu finden, mußte man sie zunächst einmal kennen. Dies ist in Anbetracht der etwa 2000 Pflanzen, die bei uns wachsen, teilweise recht schwierig. So erlangten diejenigen, welche die gewünschten Pflanzen und ihre Standorte kannten, eine besondere Bedeutung; und – was Wunder – diese Kundigen ließen sich ihr Wissen stets teuer bezahlen. Daß sie gleichzeitig alles versuchten, um ihr

Monopol zu wahren, ist selbstverständlich. Hierbei machte es keinen Unterschied, ob diese Kundigen als Apotheker in der Offizin oder als Kräuterweiblein in einer abgelegenen Hütte arbeiteten. Natürlich erzeugte diese Stellung Neid und Mißgunst. Aus dem Kräuterweiblein wurde die Hexe, deren Wissen und Macht man nur mit Zauberei erklären konnte.

Zu den Kräuterkundigen gehörten seit der Christianisierung Mitteleuropas, besonders seit Karl dem Großen, die Mönche und Nonnen in den Klöstern. Man denke etwa an Hildegard von Bingen. Die Klöster gingen zwei wichtige Schritte weiter: Sie begannen, in ihren Gärten die Kräuter anzubauen. Dies machte sie unabhängig von den von Jahr zu Jahr wechselnden Beständen in der Natur und vom zeitaufwendigen Sammeln. Darüber hinaus brachten sie eine große Zahl von bis dahin unbekannten Pflanzen zu uns, hauptsächlich aus südlichen Ländern. So bekannte Pflanzen wie der Dill, der Salbei oder die Weinraute entstammen Klostergärten. Natürlich wurden diese Pflanzen durch hohe Klostermauern vor neugierigen Blicken und unbefugtem Zugriff geschützt; dennoch haben sich diese Kräuter ausgebreitet. Einige – wie die heute weit verbreitete Pestwurz (Petasites officinalis) – sind sogar verwildert und zu einem festen Bestandteil unserer heimischen Pflanzenwelt geworden.

Dieser Bestand an Arznei- und Gewürzpflanzen blieb während des späten Mittelalters nahezu unverändert. Die auf dem Landweg aus dem fernen Osten nach Europa gelangenden tropischen Gewürze wie Zimt oder Pfeffer waren für die weniger Begüterten zu teuer. Lediglich die Oberschicht konnte die durch das

Zerkleinerte Küchenkräuter entfalten ihr Aroma besser

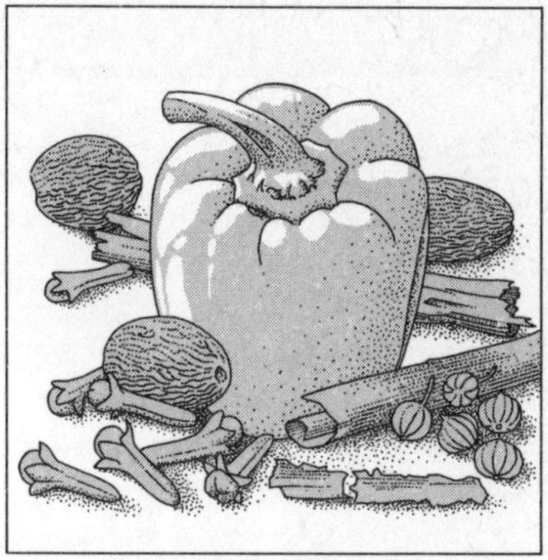

Exotische Gewürze bereichern den Speisezettel

Monopol der Gewürzhändler (»Pfeffersäcke«) und durch den langen Landtransport bedingten hohen Preise bezahlen.

Dies änderte sich erst, als nach den großen Entdeckungsreisen weitere Pflanzen zu uns gelangten. Neben so bekannten Nutzpflanzen wie Kartoffel, Tabak oder Citrus-Früchten gelangten auch Gewürzpflanzen zu uns. Der Paprika fand sehr schnell Eingang in Gärten und Küchen. Die Entdeckungsreisen führten aber auch dazu, daß die tropischen Gewürze billiger wurden und nun auch der kleine Mann mit ihnen würzte. Hierdurch nahm die Beliebtheit der bei uns wachsenden Kräuter ständig ab. Noch weiter wurden sie zurückgedrängt, als durch die Erfolge der Chemotherapie auch die Arzneipflanzen Konkurrenz erhielten. Sie blieben allenfalls als Rohstoffe für die pharmazeutische Industrie interessant.

Kräuteranbau ist heute wieder interessant

Doch heute denkt man wieder völlig anders über die Gewürz-, Tee- oder Heilkräuter. Der sichtbare Ausdruck sind nicht nur die ständig wachsende Zahl von Kräuterläden, sondern auch die Kräuterbeete in Haus- oder Vorgärten, der Schnittlauchtopf am Küchenfenster oder die Petersilie im Blumenkasten auf dem Balkon. Zunehmend erkennt man wieder den Wert dieser Pflanzen und welchen Gewinn es bringt, die Küchenkräuter selbst anzubauen und bei Bedarf Dill, Kerbel oder Majoran im Garten oder auf dem Balkon abzuschneiden und frisch zu verwenden. Dies alles hat nicht nur nostalgische Gründe. Für einen eigenen Anbau gibt es handfeste Argumente. Diese sollen im folgenden kurz besprochen werden, da sie gleichzeitig die Leitlinien für die Einrichtung und die Nutzung der eigenen Kräuterecke ergeben.

Jederzeit zur Hand: Kräuter aus eigenem Anbau

Vor allem bilden diese Pflanzen eine natürliche Bereicherung unseres Küchenzettels; denn mit ihrer Hilfe gibt man den Speisen einen besonderen Geschmack, den eigenen »Pfiff«. Dies gilt um so mehr, als man diese Kräuter stets so frisch verwendet, wie es bei käuflichen oder gar getrockneten Gewürzen niemals der Fall ist.

Eine Erweiterung des Speiseplans entsprechend der individuellen Wünsche ist auch dadurch gegeben, daß man mit den eigenen Kräutern, sofern sie in genügender Menge vorhanden sind, eher Versuche unternimmt als mit Fertiggewürzen. Einen Salat, der überwiegend aus frischem Estragon besteht, oder ein mit Ysop kräftig gewürzter Braten werden wohl nur bei dem Besitzer eines gepflegten Kräuterbeetes auf den Tisch kommen.

Mit diesen Kräutern wird aber nicht nur eine Geschmacksbereicherung erreicht, sondern Gewürzkräuter verbessern auch die Nahrung – und damit unsere Ernährung – wesentlich. Dies wird in einem eigenen Abschnitt später genauer ausgeführt.

Der eigene Anbau bringt uns aber noch mehr: Er bietet nämlich die Möglichkeit, einen Teil der Nahrung selbst zu erarbeiten. Dieser Teil mag als Menge gering sein, er trägt aber wesentlich zum Geschmack unserer Speisen bei. Damit ist er wichtiger, als es den oftmals nur kleinen Zugaben entspricht. Im Zeitalter der Konserven-, Gefrier- oder Fertiggerichte zeigen uns Kräuter das Wachsen und Gedeihen von Nahrungspflanzen.

NAHRUNG SELBST ERARBEITEN

Wir erfahren durch Kräuter, daß unsere Nahrung erst einmal wachsen muß, bevor sie geerntet wird und nach der Zubereitung auf unseren Tisch kommt. Ein Familienvater kann mit Hilfe eines kleinen Kräuterbeetes oder selbst einiger Schnittlauch- oder Petersilientöpfe auf dem Balkon seinen Kindern leicht ein Bewußtsein dafür vermitteln, daß alle Lebensmittel erst einmal als Pflanzen angebaut und geerntet werden müssen. Dies aber ist mit Schwierigkeiten verbunden und stellt auch heute noch die deutlichste Form der Abhängigkeit des Menschen von seiner Umwelt dar.

Nun ließe sich all dies auch demonstrieren, indem man gebräuchliche Kräuter so verwendete, wie sie in der Natur vorkommen, wo man sie nur zu sammeln brauchte. Die Auswahl ist recht groß, man sparte sich die Arbeit des eigenen Anbaues und hätte die Pflanzen ebenfalls frisch. Mit dem Beschaffen ließe sich sogar ein Spaziergang verbinden. Sauerampfer, Borretsch, Kümmel oder Thymian wären so leicht zu erhalten. Doch diese Möglichkeit ist aus mehreren Gründen recht problematisch; sie kommt eigentlich nur für den Beifuß in Frage. Zunächst einmal setzt sie umfangreiche Kenntnisse voraus, damit man die gewünschten Pflanzen findet und dann auch sicher erkennt. Dies ist heute ebenso wichtig und ebenso schwierig wie vor 500 Jahren – die Beschriftung auf dem Samentütchen beseitigt dagegen jegliche Zweifel.

Darüber hinaus sollte man in Anbetracht unserer bedrohten Tier- und Pflanzenwelt nicht mehr als unbedingt notwendig Wildpflanzen von ihrem natürlichen Standort entfernen. Viele gefährdete Pflanzen sind ja durch zu starkes Sammeln selten geworden, man denke nur an die großen Enziane, deren Wurzelstöcke zum Schnapsbrennen ausgegraben wurden. Und mit den Pflanzen verschwinden natürlich auch die Tiere, die von diesen Pflanzen leben.

Zudem ist es bei dem umfangreichen Gebrauch von Chemikalien in der Land- und Forstwirtschaft nicht immer sicher, ob an den Sammelstellen nicht doch gedüngt oder gespritzt wurde, oder ob solche Substanzen bei der Behandlung benachbarter Felder verweht wurden. Im eigenen Garten gezogene Pflanzen lassen sich dagegen frei von Mineraldünger oder Schädlingsbekämpfungsmitteln halten und damit unbedenklich verzehren.

KRÄUTER AUS FERNEN LÄNDERN

Ein weiterer Vorteil einer eigenen Kräuterecke soll hier noch erwähnt werden. Auf Reisen in ferne Länder begegnet man oft Gewürzen, die bei uns unbekannt sind, die man aber gern einmal versuchen möchte. Handelt es sich dabei um fertige Gewürze oder Mischungen, bereitet es selten Probleme, sie zu kaufen. Wenn es sich dagegen um frische Kräuter handelt, hilft nur der eigene Anbau. Durch solche Versuchskultur ist zum Beispiel das Basilikum bei uns eingeführt worden. Ursprünglich war es ein Standardgewürz der italienischen Küche, die es wegen des Geschmacksverlustes beim Trocknen überwiegend frisch verwendet. Durch den Tourismus ist es auch bei uns bekannt geworden, und so wünschten immer mehr Leute, es in ihrem Garten anzubauen.

Eine Kräuterecke findet sich in jedem Garten

Ein bißchen Experimentierfreude und das Bestreben, das Sortiment zu erweitern, haben auch Küchenkräuter wieder »salonfähig« gemacht, die früher zum festen Bestandteil der Kräutergärten gehörten, inzwischen aber vergessen waren. Sie muten heute schon fast exotisch an; zu ihnen gehören Sauerampfer, Tripmadam oder die Weinraute.

Doch bei den Versuchen, neue Gewürzpflanzen anzubauen oder gar einzuführen, gibt es wieder ein Aber; hierbei muß mit großer Vorsicht vorgegangen werden. Samen oder gar Jungpflanzen aus anderen Ländern mitzubringen, ist nur bedingt gestattet. Allzu leicht werden mit diesen Pflanzen auch Erreger von Pflanzenkrankheiten eingeschleppt. Wenn immer es möglich ist, sollte man sich die Samen durch inländische Samenhandlungen besorgen lassen. Meist ist die gewünschte Art aber ohnehin vorhanden; der Handel bietet oft eine erstaunliche vielseitige Auswahl an.

Kräuter tragen zur Gesundheit bei

Nun sind die Vorteile selbst angebauter Küchenkräuter schon recht zahlreich, doch die eigentliche Bedeutung dieser Pflanzen liegt in ihrem ernährungsphysiologischen Wert und damit in ihrem Beitrag zur Gesunderhaltung.
Zunächst wird die Nahrung durch frische Kräuter vielseitiger, abwechslungsreicher und damit bekömmlicher. Die Abhängigkeit von konservierten Nahrungsmitteln und von Wirtshaus- oder Kantinenessen führt häufig zur Einseitigkeit im Speiseplan. Die Nahrungsmittel sind außerdem durch die Verarbeitung ausgelaugt. Einseitige oder Mangelernährung sind die unausbleibliche Folge. Die frischen Gewürzpflanzen sind zusätzliche Nahrungsbestandteile und bringen durch die Bereicherung gleichzeitig eine Qualitätsverbesserung. Aus einfachen gekochten Salzkartoffeln werden schmackhafte Petersilienkartoffeln, wenn man nur einige Büschel frische Petersilie kleinhackt und aufstreut; gleichzeitig ersetzt man einen Teil der im Kochwasser verbliebenen Minerale. Würzt man Rühreier nicht nur mit Pfeffer und Salz, sondern zusätzlich mit Liebstöckel, Bohnenkraut oder Thymian, erhält man ein schmackhafteres Gericht und bietet gleichzeitig seinem Körper zusätzliche Vitamine und Mineralstoffe.

Ätherische Öle bestimmen das Aroma der Pfefferminze

HEILPFLANZEN ALS KÜCHENKRÄUTER

Die Verbesserung besteht aber nicht nur in der gesteigerten Vielseitigkeit. Oben wurde dargelegt, daß viele Küchenkräuter ursprünglich als Heilpflanzen kultiviert wurden. Diese heilende oder vorbeugende Wirkung haben diese Pflanzen natürlich beibehalten, wenn sie auch unter der Konkurrenz der modernen Arzneimittel kaum mehr beachtet wird. Diese Wirkungen macht man sich bei der Verwendung dieser Pflanzen zunutze – häufig allerdings unbewußt. Schwer verdauliche oder stark blähende Speisen werden durch Kümmel bekömmlicher; bei frischem Brot oder Sauerkraut macht man gerne Gebrauch davon – und gibt gleichzeitig diesen Speisen ihren typischen Geschmack. Bohnenkraut wirkt anregend; Gemüse, Fleisch oder Eierspeisen erhalten nicht nur einen eigenen Geschmack, sondern das Gewürz fördert gleichzeitig die Aktivität und das Wohlbefinden. Melisse wirkt beruhigend – auch, wenn man sie Salaten oder Fleischspeisen zusetzt oder als Tee (auch aus frischem Kraut!) genießt. Bei der Beschreibung der einzelnen Pflanzen wird auf diese gesundheitlichen Aspekte eigens hingewiesen.
Die Ursache für diese Wirkungen sind die sogenannten »Pflanzeninhaltsstoffe«. Es sind dies Substanzen, die von den Pflanzen gebildet und meist in eigenen Zellen oder Organen (Drüsen) abgelagert werden. Sie verursachen den typischen Geruch und damit Geschmack jeder Pflanzenart. Sie verursachen auch die Wirkungen auf den menschlichen Organismus, seien sie wohltuend oder aber schädlich wie bei Giftpflanzen. Als Beispiel für solche Substanzen seien die »ätherischen Öle« genannt. Sie sind nur in geringem Maß in Wasser löslich; dagegen verdunsten sie leicht und riechen beziehungsweise

Teezubereitung aus frischen Kräutern

Frische Kräuter steigern das Wohlbefinden

schmecken dadurch intensiv. Wir kennen solche ätherischen Öle etwa aus der Apfelsinen- oder Zitronenschale. Bei der Pfefferminze werden sie sogar abdestilliert und als »Pfefferminzöl« verwendet, um Süßigkeiten oder Alkoholika zu würzen. Diese Inhaltsstoffe sind zugleich medizinisch wirksam; trinken wir Pfefferminztee gegen Magenbeschwerden oder Halsschmerzen, machen wir uns dies zunutze.

Solche Substanzen sind hauptsächlich in den frischen Pflanzenteilen vorhanden. Sie werden auf diese Weise wirksam vor Tierfraß geschützt. Bereits bei der Lagerung oder gar Trocknung verdunstet ein Teil dieser ätherischen Öle und geht verloren. Der eigene Anbau gibt uns also die Möglichkeit, solche Pflanzen – ob als Gewürz oder als Tee – ohne Verlust von wertvollen Inhaltsstoffen zu verwenden.

Neben diesen Inhaltsstoffen sind es die Minerale, durch die Kräuter wertvoll werden. Hierzu zählen vor allem Kalium (K^{+}), Kalzium (Ca^{++}), Magnesium (Mg^{++}), Eisen (Fe^{+++}) oder Phosphat (PO_4^{---}) und die sogenannten Spurenelemente. Viele dieser Stoffe sind in Wasser löslich und werden schon durch intensives Waschen – besonders nach dem Zerkleinern – entfernt. Werden Kartoffeln oder Gemüse gekocht, gehen die Mineralstoffe fast restlos ins Kochwasser – mit ihm werden sie dann häufig weggeschüttet. Das Ergebnis ist der oft beklagte Mineralmangel unserer Kost und seine Folgen. Kaliummangel etwa führt zu Verdauungsstörungen; Eisenmangel vermindert die Blutbildung und Magnesiummangel äußert sich in Muskelkrämpfen. In frischen Kräutern sind diese Stoffe meist in hoher Konzentration enthalten, und sogar in Formen oder Verbindungen, die dem Körper die Aufnahme erleichtern. Besonders wichtig ist dies bei Eisen, das nur in Verbindung mit Zitronensäure aufgenommen wird; diese Zitronensäure ist in den Zellen grüner Pflanzen stets vorhanden.

MINERALSTOFFE AUS KRÄUTERN

Diese Mineralstoffe sind glücklicherweise nicht flüchtig. Sie bleiben also auch dann erhalten, wenn die Pflanzenteile, in denen sie vorhanden sind, mitgekocht werden. Das Kochwasser darf allerdings nicht verschüttet werden. Wer regelmäßig mit vielen frischen Küchenkräutern würzt, braucht sich also wegen eines Mineralmangels keine Sorgen zu machen. Dies gilt um so mehr, wenn es möglich ist, diese Kräuter aus dem eigenen Garten ungewaschen oder allenfalls kurz abgespült zu verwenden. Einige der wertvollen Minerale befinden sich nämlich auf der Oberfläche der grünen Blätter, wo sie von der Pflanze abgelagert und eventuell vom Regen abgespült werden. Sie lassen sich erhalten, wenn wir auf das Waschen verzichten.

BALLASTSTOFFE

Ein dritter gesundheitlich wertvoller Bestandteil dieser Pflanzen sind die

Zellwände und Leitgewebszellen. Sie bestehen aus Zellulose und Lignin in wechselnden Anteilen und stellen das dar, was man heute als »Rohfaser« bezeichnet. Sie sind unverdaulich, sind aber als Ballaststoffe unerläßlich für eine störungsfreie Arbeit des Darms. Solche Rohfasern werden heute für teures Geld käuflichen Nahrungsmitteln zugesetzt. Unser Kräutergarten liefert sie uns nahezu gratis; insbesondere, wenn wir uns nicht scheuen, auch einmal Blattstiele und Stengel und nicht immer nur die zartesten Blättchen zu verwenden.

Alle die genannten Gründe beweisen, daß sich ein eigener Anbau der Küchenkräuter empfiehlt. Mit ihrer Verwendung tun wir einen wichtigen Schritt zur Verbesserung unserer Ernährung und damit für unsere Gesundheit.

Aus diesen Argumenten ergibt sich aber auch, daß bei den Gewürzpflanzen der Gehalt und nicht die Größe entscheidet. Geschmack, Mineral- und Rohfasergehalt sind wichtiger als der reine Nährwert. Wir brauchen also keine Anstrengungen zu unternehmen, große oder gar riesenhafte Pflanzen zu kultivieren. Züchtung, Düngung und intensive Bewässerung sind für Kohl oder Rüben sicher wichtig. Bei Gewürzen schaden sie nur; denn Vergrößerung bei Pflanzen führt stets über eine Vergrößerung der Zellen, der »Bausteine« dieser Pflanzen. Diese Vergrößerung des Zellvolumens aber führt zu einer Verminderung des Rohfasergehaltes, häufig auch zu einer Verminderung der Inhaltsstoffe und des Mineralgehaltes. Die Gewürzpflanzen sollen zwar gut wachsen, nicht aber um jeden Preis. Dies gilt um so mehr, als wir in unserem Hausgarten keine Wirtschaftlichkeits- oder Kostenrechnung aufstellen müssen, also auch nicht gezwungen sind, große Mengen oder hohe Erträge zu erzielen.

DER ANBAU – WIE GEHT MAN VOR?

Möchte man sich seine Küchenkräuter selbst anziehen und dabei möglichst effektiv arbeiten, so muß man zunächst ein bißchen überlegen und planen. Welche Pflanzen sind gewünscht? Wo und wie erhält man diese Pflanzen? Wo im Garten richtet man die Kräuterecke ein? Wie gestaltet man die Verhältnisse dort so, daß man sichere und gute Ernten erzielt?

AUSWAHL UND HERKUNFT DER PFLANZEN

Jeder muß bei den Küchenkräutern seine persönliche Auswahl treffen. Alle Gewürzpflanzen dieses Buches im Garten zu halten, ist kaum möglich und auch gar nicht notwendig. Aus der auf S. 140 abgedruckten Tabelle »Welche Pflanze für welche Gerichte« sollte man die Pflanzen in drei Schritten auswählen:
Zunächst wird man die beliebtesten Gewürze anbauen. Diese Gruppe umfaßt: Bohnenkraut, Borretsch, Dill, Estragon, Majoran, Petersilie, Pfefferminze und Schnittlauch. Hierzu kommen als zweite Gruppe solche Kräuter, die dem persönlichen Geschmack und den persönlichen Eßgewohnheiten entsprechen. Die Liebhaber von Fleischspeisen werden unter anderem Basilikum, Dost (falscher Majoran), Liebstöckel und Ysop hinzunehmen. Fans von frischen Salaten werden auf jeden Fall Brunnenkresse, Kapuzinerkresse, Gartenkresse oder Zitronenmelisse pflanzen. Ein kleines Fleckchen des Kräutergartens schließlich sollte für einige weitere Pflanzen verwendet werden, die man nicht kennt, deren Anbau und Verwendbarkeit man aber einmal ausprobieren möchte. Solche Experimente bereichern nicht nur unser Sortiment, sondern ergeben eine stetige Abwechslung. Hat man nun seine persönliche Liste zusammengestellt, stellt sich als nächste Frage »Woher nehme ich die Pflanzen?«

Der Handel bietet Saatgut und Jungpflanzen an

Naheliegend ist natürlich der Kauf der entsprechenden Samen in Fachgeschäften. Dies ist sicher für einjährige Pflanzen die Methode der Wahl, zumal man dann die größtmögliche Sicherheit in bezug auf Keimungserfolg und Sortenauswahl mit einkauft.
Daneben gibt es jedoch Alternativen, die man nicht übersehen darf. Samen vieler Gewürzpflanzen kann man leicht vom Nachbarn erhalten, der diese Pflanzen ebenfalls zieht und der sich die Mühe macht, die Samen zu ernten. Dill, Bohnenkraut, Borretsch, Salbei oder Ysop und viele andere sind auf diesem Wege leicht zu erhalten. Eine weitere Möglichkeit ist der Kauf in Töpfen angezogener Sämlinge oder Jungpflanzen. Diese sind häufig recht teuer, und zudem sind diese Pflanzen meist unter Glas angezogen und damit nur bedingt oder nach einer Anpassungsphase für ein Auspflanzen ins Freie geeignet. Für das Küchenfenster oder für den Balkon sind sie dagegen zu empfehlen, da hier der höhere Preis

durch geringeren Aufwand und die Arbeitsersparnis wettgemacht wird.
Mehrjährige Pflanzen lassen sich ebenfalls aus Samen ziehen. Dies ist im allgemeinen problemlos; es kann allerdings einige Jahre dauern, bis der Stock eine ausreichende Ernte erlaubt. In diesem Fall ist es besser, eine vorgezogene Staude zu kaufen. So spart man wenigstens ein Jahr ein, zumal ja der Kauf einer Pflanze ausreicht. Die einst schwierige Beschaffung wenig bekannter Gewürzpflanzen hat sich durch das zunehmende Angebot aus alternativen Gärtnereien wesentlich erleichtert. Heute lassen sich praktisch alle Wünsche erfüllen.
Auch bei mehrjährigen Stauden besteht die Möglichkeit, sie vom Nachbarn zu erhalten. Dies ist nicht nur wirtschaftlich, sondern in jedem Fall die beste Lösung. Wo immer möglich, sollte man davon Gebrauch machen. Hierbei erhält man Pflanzen aus der unmittelbaren Umgebung, die unter Bedingungen, die auch im eigenen Garten herrschen, gut gedeihen. Wenn die Stauden verkleinert werden müssen, fallen die Ableger an. Darüber hinaus kann einem der Nachbar mit wertvollen Tips zur Seite stehen.

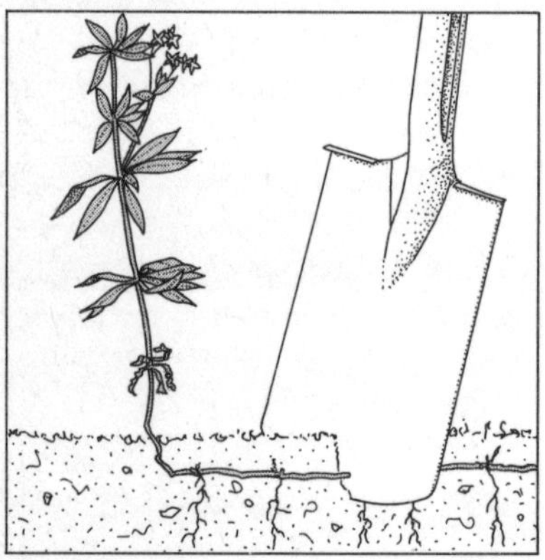

Unterirdische Ausläufer trennt man an der Wurzel ab

Ableger erhält man durch Abgraben und Ausheben eines Staudenteils

Dringend abzuraten ist dagegen von einem Sammeln oder gar Ausgraben von Wildpflanzen. Wie oben dargelegt, gilt dies mit Rücksicht auf den Natur- und Artenschutz und auf die oft fehlenden Kenntnisse selbst bei einheimischen Pflanzen. Bei Pflanzen aus fernen Ländern besteht außerdem die schon erwähnte Gefahr, daß Pflanzenkrankheiten eingeschleppt werden.

WO RICHTET MAN DIE KRÄUTERECKE EIN?

Weitere Überlegungen bei der Planung einer Kräuterecke gelten den örtlichen Gegebenheiten, insbesondere Licht und Bodenverhältnissen. Ihre Rolle bei der Einrichtung einer Kräuterecke im Hausgarten soll zunächst besprochen werden. Der Kultur von Gewürzpflanzen im Blumentopf oder auf dem Balkon ist ein eigener Abschnitt gewidmet.

LICHT

Unter den drei für das Gedeihen der Pflanzen wichtigen Faktoren Licht, Wasser und Boden haben wir beim Licht die geringsten Einflußmöglichkeiten. Wir müssen also die Lichtverhältnisse so nehmen, wie sie sind.
Aus der Geschichte und der Herkunft der meisten Gewürzpflanzen aus südlicheren oder wärmeren Ländern – vor allem aus dem Mittelmeergebiet und aus Kleinasien – ergibt sich, daß sie recht lichtbedürftig sind. Dieses Lichtbedürfnis ist in unserem Klima nur an sonnigen Stellen zu befriedigen. Sicher wachsen viele Küchenkräuter bei sorgsamer Pflege auch in schattigen Lagen. Doch dann werden stets Schattenformen ausgebildet mit überlangen Stengeln, dünnen Blättern, weniger Blüten und deutlichen Verlusten an Inhaltsstoffen und damit an geschmacklichem

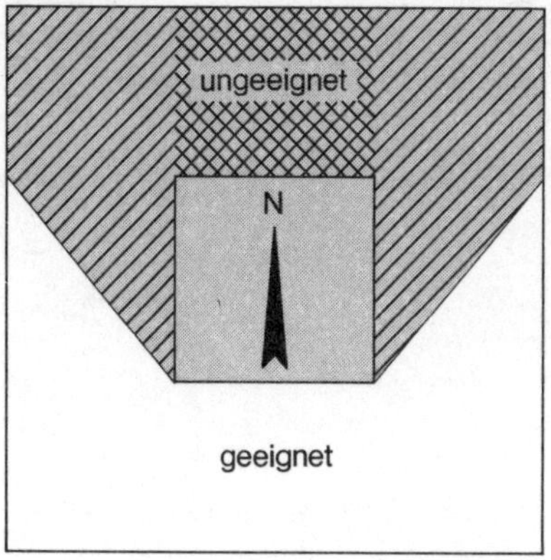

Kräuter brauchen Licht; Nordseiten eines bebauten Grundstücks sind zu dunkel

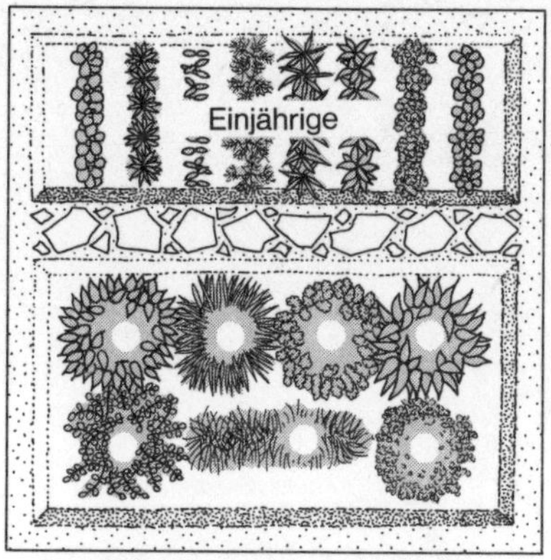

In Gruppen stehen die Pflanzen im klassischen Kräuterbeet

Wert. Solche Pflanzen sind auch empfindlicher gegen Pflanzenkrankheiten oder Schädiger. Das Kräuterbeet sollte also im sonnigsten Teil des Gartens liegen. Die nebenstehende Abbildung zeigt den schematischen Grundriß eines Gartens mit Wohnhaus. Darin sind die nicht mehr in Frage kommenden schattigen Bereiche schraffiert, die für eine Kräuteranpflanzung geeigneten Teile hell gelassen. Man sieht, daß die Nordseite gar nicht, die West- oder Ostseite bedingt und die Süd-, Südost- und Südwestseite bevorzugt als Standort in Frage kommt.

DIE VERTEILUNG DER KRÄUTER IM GARTEN

Innerhalb der Fläche, die sich aufgrund der Beleuchtungsverhältnisse für die Anlage des Kräuterbeetes eignet, darf die Verteilung auch nicht ganz willkürlich stattfinden.

Meist wird man versuchen, das Kräuterbeet in den Wirtschaftsgarten (Gemüsegarten) einzubeziehen. Die meisten Gemüsepflanzen verlangen wie auch Erdbeeren oder Kartoffeln einen sonnigen Standort. Ein Kräuterbeet innerhalb dieses Wirtschaftsteiles erlaubt es, die dort anfallenden Arbeiten (Einsaat, Ernte oder Abräumen) in einem Zug zu erledigen. Da das Ausbringen von Kompost kurze Wege erfordert, gehört der Kompostsilo ebenfalls in diesen Bereich.

Die zweite Überlegung gilt der Größe der Kräuterecke. Natürlich spielen hier die Größe der zu versorgenden Familie wie der individuelle Verbrauch wichtige Rollen; dennoch läßt sich der Flächenbedarf annäherungsweise ermitteln.

Für die Bearbeitung hat sich eine Beetbreite von 1,20 m als günstig erwiesen. Mehr ist schwierig zu bearbeiten, weniger führt dazu, daß zuviel Land für Wege benötigt wird. Einjährige Pflanzen sät man in Reihen mit etwa 25–35 cm Abstand. Im allgemeinen deckt eine solche gut bestockte Reihe den Bedarf einer vierköpfigen Familie. Dies gilt etwa für Schnittlauch, Petersilie, oder Majoran. Ein Mehrbedarf von jeweils 1–3 Reihen kann sich ergeben, wenn solche Pflanzen zusätzlich als Gemüse (Petersilienwurzeln, Kerbel) oder für Dekorationszwecke (Dill, Kerbel oder Petersilie) verwendet werden. Oft besteht auch der Wunsch, Gewürze sehr früh – bevor die Pflanzen genügend entwickelt sind – zu ernten. Mehrbedarf entsteht auch durch Aufbewahren (besonders getrockneter Gewürze) oder für Tees. Aus der Zahl der anzubauenden einjährigen Gewürzpflanzen und der Menge der jeweils gewünschten Reihen ergibt sich dann die Gesamtgröße der für die jährliche Ansaat benötigten Fläche.

Die ausdauernden Gewürzstauden bringt man ebenso in Beeten von 1,20 m Breite unter. Man setzt jeweils zwei Stauden nebeneinander mit etwa 65 cm seitlichem Abstand. Dies erlaubt eine genügende Entfaltung der einzelnen Stöcke, um eine ausreichende Ernte sicherzustellen. Andererseits kann man zwischen den Stauden bequem hacken oder jäten. Die benötigte Fläche ergibt sich auch

hier aus der Zahl der gewünschten Pflanzen.
Bei diesen Überlegungen zeigt sich bereits, daß man möglichst einjährige und ausdauernde Pflanzen trennt. Dies erleichtert die Bodenbearbeitung; denn man gräbt im Herbst die Beete der einjährigen Pflanzen um, während zwischen den Stauden nur gehackt wird. Liegt die Kräuterecke im Wirtschaftsgarten, können die Arbeiten auf diesen Beeten – wie oben empfohlen – gleichzeitig durchgeführt werden. Die Zusammenfassung der einjährigen Kräuter erlaubt es zudem, sie in jährlich wechselnder Anordnung einzusäen und damit einen für die Pflanzen günstigen Fruchtwechsel einzuhalten.
Ein solches »klassisches« Kräuterbeet, das alle angebauten Gewürzpflanzen enthält und lediglich nach ein- und mehrjährigen unterteilt ist, bietet aber nicht nur den Vorteil leichterer Bearbeitung. Es hat auch den Vorzug, daß niemand – weder Hausfrau noch anwesende Gäste – lange nach erforderlichen Gewürzen suchen muß, während vielleicht das Essen schon auf dem Herd brutzelt. Das Kräuterbeet ist leicht zu finden, und dort steht alles schön beieinander.

IN DER NÄHE DER KÜCHE

Dies zeigt einen weiteren Gesichtspunkt für die Anlage der Kräuterecke. Die Pflanzen müssen leicht und gut erreichbar sein. Lassen es die sonstigen Bedingungen zu, so legt man deshalb das Kräuterbeet in die Nähe der Küche oder des Einganges. Der Weg vom Eingang zum Beet sollte auch bei schlechtem Wetter ohne Schuhwechsel zu begehen sein. Muß die Köchin für ein Büschel Schnittlauch oder Petersilie erst Gummistiefel anziehen, wird sie oft genug darauf verzichten.

Kräuter ergeben eine dekorative Beeteinfassung

Ein Blumentopf in der Erde verhindert das Wuchern

Aus dem gleichen Grund müssen auch die Wege innerhalb der Kräuterecke stets gut gangbar sein. Dies läßt sich leicht erreichen, wenn man die vom befestigten Hauptweg abzweigenden Wege zwischen den Beeten mit Brettern oder Ziegelsteinen auslegt. Noch besser ist es, die Kräuter in Betonringen, Blumentöpfen oder Eimern ohne Boden zu halten, die in die Erde eingelassen werden. Zwischen diesen Ringen wird die gesamte Fläche – die damit auch als Weg dient – mit Kies bestreut. So erreicht man jedes Kraut trockenen Fußes. Die Ringe haben zugleich den Vorteil, daß stark wuchernde Pflanzen, etwa Pfefferminze oder Waldmeister, auf ihrem Platz festgehalten werden.
Mißt man der Erreichbarkeit der Kräuter mehr Bedeutung zu als etwa einer leichten Bearbeitung, läßt sich über eine andere Verteilung dieser

Pflanzen im Garten nachdenken. So kann es sich anbieten, die einzelnen Stauden entlang eines befestigten Weges anzupflanzen, von dem aus sie leicht zugänglich sind. Ebenso können die Gewürzpflanzen als Beeteinfassungen dienen oder den gesamten Rand des Wirtschaftsteiles einnehmen. Unsere Abbildung zeigt diese Möglichkeit. Auch bei einer solchen Anlage sollte man allerdings darauf achten, daß die mehrjährigen Kräuter beisammen stehen; sie behindern sonst die Bearbeitung der ganzen Fläche.

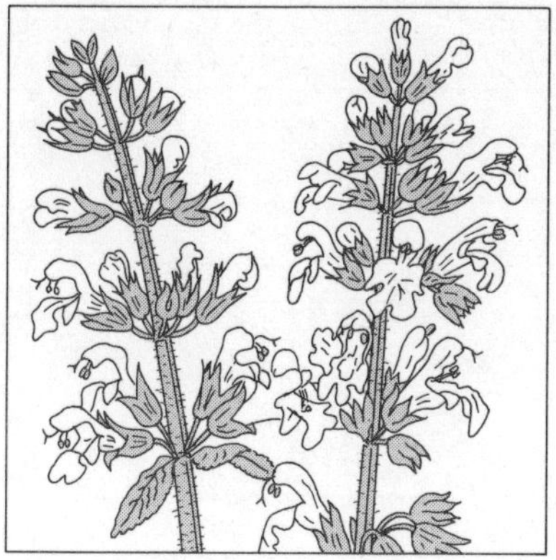

Salbei – ein Gewürz mit reichem Blütenschmuck

Blühende Kräuter passen auch in das Blumenbeet

KRÄUTER ZWISCHEN BLUMEN

Folgt man diesen Überlegungen noch einen Schritt weiter, so kann man die Anlage eines geschlossenen Kräuterbeetes völlig aufgeben. Man verteilt die Gewürze im gesamten Garten, sofern er wegen der Licht- und Bodenverhältnisse überhaupt für eine Kräuteranpflanzung in Frage kommt. Die sich dann bietenden Möglichkeiten sind nahezu unbegrenzt. Salbei, Ysop oder Dost wirken auch in Staudenrabatten dekorativ. Liebstöckel wird recht groß, er kann Beete abschließen oder Teile des Gartens, Mauern oder die Kompostecke verbergen. Thymian, Weinraute oder Waldmeister lassen sich hervorragend in einem Steingarten (Alpinum) mit seinen niedrigen oder polsterförmigen Pflanzen ziehen. Auch einjährige Pflanzen wie Petersilie, Dill oder Basilikum wirken als Einfassung von Blumenbeeten durchaus dekorativ. Und wenn sie dort doch nicht gefallen, setzt man sie im kommenden Jahr woanders hin.

Bei einigen einjährigen Pflanzen kann man sogar noch einen Schritt weiter gehen, denn sie säen sich leicht selbst aus, wenn man sie nur läßt, wenn man also nicht alle Pflanzen vor der Fruchtreife erntet. Zu ihnen gehören Dill, Kerbel, Bohnenkraut oder Borretsch. Man läßt sie einfach dort wachsen, wo sie aufgehen. Lediglich dort, wo sie stören, zieht man sie aus. Damit verschafft man sich die Möglichkeit, diese Kräuter schon vor der üblichen Ernte zu verwenden. Dies spart viel Arbeit und Zeit und hilft den Garten besser auszunutzen. Außerdem sind Pflanzen aus Samen, die im Boden überwintert haben, stets viel widerstandsfähiger als im Frühjahr ausgesäte. Außerdem entwickeln sie sich in der Regel besser.

Die Verteilung der Gewürzpflanzen über den gesamten Garten hat viele Vorteile. Sie setzt aber voraus, daß die Hausfrau – oder der jeweilige Koch – genau weiß, welche Kräutlein im Garten vorhanden sind, wo sie stehen und wie sie zu erkennen sind. Darüber hinaus verbietet sich jegliche Verwendung von Mineraldüngern, stark stickstoffhaltigen organischen Düngemitteln oder gar chemischen Pflanzenschutzmitteln, wenn überall im Garten Gewürzkräuter wachsen. Denn wie später begründet wird, haben diese Substanzen an unseren Küchenkräutern nichts zu suchen.

Nicht zuletzt wegen dieser Einschränkungen ist heute noch die Anordnung der angebauten Gewürzpflanzen in einem geschlossenen »klassischen« Kräuterbeet vorherrschend. Bei den folgenden Betrachtungen steht deshalb diese Kräuterecke im Hausgarten im Vordergrund.

BODENVERHÄLTNISSE

Der zweite Faktor, den wir für die Pflanzenzucht betrachten müssen, ist der Boden. Zwar sind die Ansprüche an den Boden von Pflanze zu Pflanze unterschiedlich, aber deshalb jeder Pflanze das optimale Bodengemisch anzufertigen, ist viel zu aufwendig und auch gar nicht nötig. Es genügt eine gute Gartenerde. Diese ist meist vorhanden, wenn der Garten, in dem wir die Kräuterecke anlegen möchten, bereits vorher als Nutz- oder Ziergarten gedient hat und dementsprechend gepflegt wurde.

Anders liegen die Verhältnisse, wenn ein Garten neu angelegt wird oder wenn durch Bau- oder Erdarbeiten im Garten der Boden in Mitleidenschaft gezogen wurde. In diesem Fall läßt sich für das Kräuterbeet nicht ohne weiteres eine günstige Stelle finden. Meist müssen wir den Boden verbessern. Zur Erläuterung der möglichen Maßnahmen zunächst eine kurze Beschreibung der für die Eigenschaften eines Bodens (der »Muttererde« im Gegensatz zum Unterboden und zum Ausgangsgestein) wichtigen Bestandteile:

Sand ist angeschwemmt, angeweht oder aus dem Untergrundgestein durch Verwitterung entstanden. Er ist durchlässig für Wasser und für die darin gelösten Nährstoffe, die er nicht festzuhalten vermag. Ein Sandboden ist deshalb stets recht nährstoffarm und trocken. Andrerseits ist er leicht und luftdurchlässig. Er erwärmt sich schnell und begünstigt so das Wachsen und Eindringen der Wurzeln eingesäter oder eingesetzter Pflanzen; ebenso begünstigt er wärmeliebende Gewächse.

Kräuter verlangen einen gut umgegrabenen Boden; beim Umgraben werden die Schollen gewendet

Ton stammt ebenfalls aus der Verwitterung des Untergrundes. Er ist sehr stark quellbar, er kann also viel Wasser aufnehmen. Mineralische Nährstoffe bleiben in diesem Wasser enthalten, außerdem werden sie an den Tonteilchen festgehalten (adsorbiert). Hierdurch bleiben sie im Boden und stehen den Pflanzen über längere Zeit zur Verfügung. Ton – oder mit Sand gemischt als Lehm – ist aber als Boden sehr schwer. Er neigt zum Vernässen und behindert das Eindringen der Wurzeln, zumal er nur wenig Luft für die Atmung der Pflanzen enthält. Ton- oder Lehmböden sind »kalt«, sie erwärmen sich im Frühjahr nur allmählich. Samen gehen auf diesen Böden sehr langsam auf.

Humus ist der Rest der Pflanzen und Tiere, die nach dem Absterben in den Boden gelangen und verrotten. Reiner Humusboden findet sich nur in ehemaligen Mooren; er ist tiefschwarz. Ein solcher Boden bindet Wasser gut; ebenso hält er mineralische Düngesubstanzen gut fest. Im allgemeinen enthält ein solcher Boden aber zu wenig Kalium, Kalzium und Magnesium; er ist deshalb zu sauer und meist zu »leicht«. Humus ist der Hauptbestandteil des Gartenkompostes; er verbessert die Struktur, die Durchlüftung und die Wasser- und Nährstoffbindigkeit des Bodens. Ein Zusatz von Torf (der aus abgestorbenen Torfmoosen besteht) dient ebenfalls dazu, den Humusgehalt und damit diese Eigenschaften des Bodens zu verbessern.

Die günstigsten Bodenverhältnisse für den Kräutergarten sind gegeben, wenn Sand, Ton und Humus in einer ausgewogenen Mischung vorliegen.

Farbtafel 2 (Seite 19):

Kräuteranzucht auf dem Balkon (oben)
Jungpflanzen im Garten in Anzuchtgefäßen (unten)

Ist dies nicht der Fall, muß man die Bodenzusammensetzung verbessern. Doch wie erkennt man das, und wie geht man dabei vor?

VERBESSERUNG DES BODENS

Einen zu schweren Boden mit einem zu hohen Tongehalt erkennt man leicht daran, daß bei Regen oder nach dem Gießen das Wasser stehen bleibt und die befeuchteten Stellen verschlämmen; oft entstehen langlebige Pfützen. Bei Trockenheit bildet sich eine sehr harte Oberfläche mit breiten Rissen. Beim Umgraben klebt der Boden am Spaten fest, er fällt nicht locker herunter. In diesem Fall muß der Boden durch Zugabe von Sand und Torfmull leichter gemacht werden. Der Torfmull sollte gekalkt sein. Andernfalls muß man zusätzlich Kalk aufstreuen, denn Kalk vermindert den Säuregrad des Bodens und verbessert die Bodenstruktur. Besonders günstig ist es, wenn man aus einem Gebäudeabbruch Sand erhält, den man sich aus dem Bauschutt aussiebt. Sand und Torfmull werden durch Untergraben mit dem vorhandenen Boden vermischt. Hat man etwas Zeit oder beginnt man ohnehin im Herbst, empfiehlt es sich, vor dem Frost umzugraben und dabei den Sand unterzumischen. Im Winter streut man auf die dann vorhandene Schneedecke Thomaskalk. Und im Frühjahr gibt man beim Abrechen Torfmull zu, den man dann in die oberste Bodenschicht einarbeitet.

Einem reinen Sandboden müssen demgegenüber Humus und Lehm zugesetzt werden. Günstig ist es in diesem Fall, wenn man – etwa von einer Baustelle – guten Mutterboden erhält. Man entfernt zunächst eine etwa 20 cm starke Schicht des vorhandenen Sandbodens und füllt diese Muttererde ein. Umgraben ist dann gar nicht mehr erforderlich. Kann man sich keinen Mutterboden beschaffen, muß man versuchen, Lehm – etwa aus einer Ziegelei – zu bekommen, und diesen sowie gekalkten Torfmull in den Sandboden unterzugraben. In diesem Fall sollte man zusätzlich Gartenkompost beimischen. Hat man diesen auch nicht zur Verfügung – etwa bei der Neuanlage eines Gartens – und ist einem der Kauf größerer Mengen zu teuer, so bleibt immer noch die Möglichkeit, durch intensive Kompostwirtschaft den Boden im Laufe von 2 bis 3 Jahren zu verbessern.

Einem zu humusreichen Boden, also etwa einem Moorboden, fügt man Sand und vor allem Lehm zu. Wie oben erwähnt, ist ein solcher Boden stets an seiner tiefschwarzen Farbe und seiner sehr lockeren, torfartig krümelnden Struktur zu erkennen. Von einem solchen Boden sticht man zunächst die Grasnarbe ab (diese wird kompostiert) und mischt Sand und Lehm durch Umgraben ein. Zusätzlich muß dabei kräftig gekalkt werden; denn humusreicher Boden ist meist sehr sauer. Günstig ist es auch hier, im Herbst umzugraben und Lehm und Sand unterzumischen, im Winter Thomaskalk auf den Schnee aufzustreuen und im Frühjahr vor der Einsaat lediglich abzurechen.

Für das Kräuterbeet muß der Boden verbessert werden

NEUANLAGE NACH HAUSBAU

Legt man den Gewürzgarten im Rahmen eines neuen Gartens an, etwa nach einem Hausbau, so muß man damit rechnen, daß der Boden durch schwere Baumaschinen verdichtet

---

Farbtafel 3 (Seite 20):

Betonringe begrenzen ausuferndes Wachstum (oben)
Im Bauerngarten gedeihen die Kräuter in größerer Freiheit (unten)

wurde. Dies macht den Boden ungeeignet für Gartenpflanzen, da er für die Wurzeln kaum mehr zu durchdringen ist und zu wenig Luft enthält. Eine solche Verdichtung ist – auch nach oberflächlicher Beseitigung der Spuren – daran zu erkennen, daß hier nach Regen das Wasser stehen bleibt, selbst wenn der Boden nicht zu lehmig ist. Außerdem siedelt sich häufig der große Wiesenampfer (Rumex acetosa) an. Ist dies der Fall, so muß der Boden unbedingt tiefgründig (zwei Spatenstich tief) umgegraben werden. Der Vorgang – das sogenannte »Holländern« – ist auf der Zeichnung zu erkennen. Hierbei geht man folgendermaßen vor:

- Der Oberboden wird auf etwa 60 cm Breite einen Spatenstich tief ausgehoben und aufgeschüttet.
- Aus dem Unterboden (2. Spatenstichtiefe) hebt man den Boden in einer etwa 30 cm breiten Furche aus und legt ihn beiseite (1).
- Man gräbt den Oberboden weiter ab und füllt damit die Furche im Unterboden auf (2).
- Dann gräbt man im Unterboden weiter und legt diesen auf die mit Oberboden aufgefüllte Furche. In die neu entstandene Furche im Unterboden gibt man dann den weiteren Aushub des Oberbodens – und so weiter (3, 4).
- In die letzten Furchen gibt man den beiseite gelegten Aushub der ersten Furchen.

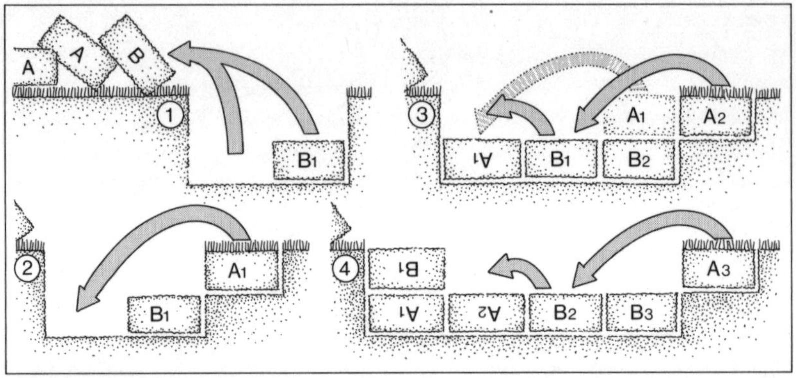

Bei der Neuanlage eines Kräutergartens wird zu fester Boden durch das umschichtende »Holländern« gelockert

Das Holländern ist auch zu empfehlen, wenn der Boden zu stark verunkrautet ist. Die oberste Bodenschicht gelangt dann etwa 50 cm tief in die Erde, von wo aus Sprosse oder Keimlinge die Oberfläche kaum mehr erreichen können.

Ist man sich über den Typus seines Bodens nicht im klaren, so hilft eine Bodenanalyse, die man bei einem Pflanzenschutzamt erstellen läßt. Man erfährt dann genau, was dem Boden fehlt und wie man ihn verbessern kann. Dies kommt dem gesamten Garten zugute. Die entstehenden Kosten von 50.– bis 100.– DM lassen sich leicht durch die Vermeidung unnötiger Verbesserungsmaßnahmen wieder hereinwirtschaften. Eine solche Analyse empfiehlt sich ebenfalls, wenn Ertragsminderungen ohne ersichtlichen Grund auftreten. Hier kann ein Kaliummangel, der zuweilen auch bei guter Kompostwirtschaft auftritt, entstanden sein.

Stellt sich dabei heraus, daß dem Boden bestimmte Pflanzennährstoffe fehlen, so werden diese gezielt ergänzt. Dabei sollte man auf keinen Fall frischen Stalldung oder gar mineralischen Dünger verwenden. Beide enthalten zu viel Stickstoff. Dieser ist zwar notwendig für hohe Erträge bei Gemüse oder Obst, weshalb Stick-

Kräuter mögen keine mineralische Düngung

stoffdüngung häufig empfohlen wird. Im Kräutergarten wollen wir aber bewußt auf hohe Erträge und damit auf diese Form der Düngung verzichten. Eine Ausnahme bildet allenfalls Thomasmehl oder -kalk. Er enthält weniger Stickstoff, sondern mehr Phosphat. Weil er nur schlecht in Wasser löslich ist, steht er den Pflanzen über längere Zeit zur Verfügung und verhindert eine vorübergehend zu hohe Salzkonzentration im Bodenwasser. Denselben Vorteil hat es, daß man ihn im Winter, möglichst auf eine Schneedecke, ausbringt.

KOMPOST

Die günstigste Möglichkeit, die Nährstoffe in den Boden einzubringen, bietet Gartenkompost. Der Nutzen einer Kompostwirtschaft ist so groß, daß man in seinem Garten eine Ecke für einen Komposthaufen oder einen -silo reservieren sollte, wenn immer dies möglich ist. Die Vorteile reichen von der einfachen und umweltfreundlichen Beseitigung der Gartenabfälle über die Erleichterung bei der Bodenbearbeitung bis zur Einsparung bei Düngemitteln und bei der Schädlingsbekämpfung. Diese Vorteile kommen dem ganzen Garten und unserem Geldbeutel zugute. Für einen Kräutergarten ist eine Kompostwirtschaft unerläßlich, möchte man Kunstdünger mit seinen Nachteilen vermeiden. Eine Alternative bietet allenfalls noch die Verwendung käuflicher Erden, doch sind sie für große Flächen meist zu teuer. Für den Kräuteranbau im Blumentopf kann man sie jedoch empfehlen.

Mit diesem Kompost erhalten die Pflanzen alle notwendigen Substanzen in einem sehr ausgewogenen und für die meisten Pflanzen günstigen Verhältnis. Außerdem enthält er die Nährstoffe in Verbindungen, die eine zu schnelle Freisetzung und damit Auswaschung bei Regen weitgehend verhindern. Damit werden auch zu hohe (Dünge-) Salzkonzentrationen im Bodenwasser vermieden, die sonst nach Gaben von Kunstdünger auftreten und die Pflanzen schädigen können. Kompost verbessert außerdem die Struktur und die Kleinlebewelt des Bodens. Beides wirkt sich positiv auf die Pflanzen aus, die dadurch widerstandsfähiger werden. Mit Gartenkompost läßt sich auch die Nährstoffversorgung von bereits angelegten Beeten – etwa in dem Teil mit den mehrjährigen Gewürzpflanzen – über Jahre hinweg sicherstellen.

Die Verwendung von Kompost und die Anlage eines Komposthaufens oder -silos werden deshalb zunächst beschrieben.

Die Kompostecke richtet man im Garten an einem schattigen Platz ein, der gleichzeitig genügend Raum für die Ablagerung und für die nötigen Arbeiten, etwa Umsetzen, bietet. Günstig sind Plätze unter Bäumen oder Gebüsch, die wegen Lichtmangels nicht anderweitig genutzt werden. Hier stört auch der wenig dekorative Komposthaufen am wenigsten. Läßt er sich nicht auf diese Weise »verstecken«, sollte man einen Kompostsilo verwenden. Silos werden heute in zahlreichen Ausführungen angeboten. Sie sind recht praktisch, denn sie erlauben eine Platzersparnis gegenüber den Komposthaufen und besitzen meist noch Einrichtungen zum schnelleren Kompostieren. Silo oder Komposthaufen werden direkt auf den vorhandenen Mutterboden gesetzt.

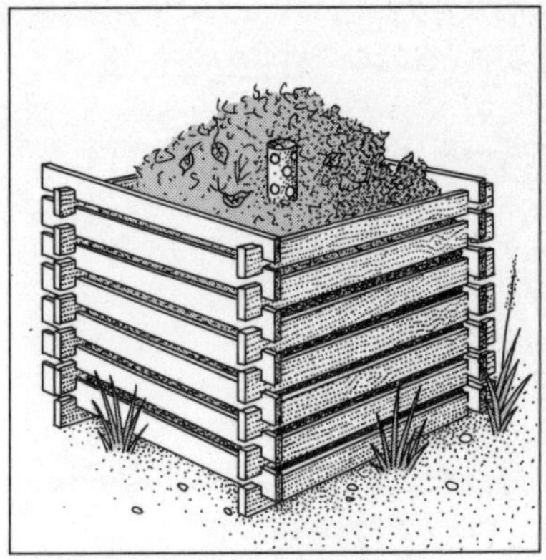

Im Kompost-Silo werden alle Nährstoffe für Kräuter gespeichert

Ist der Platz – oder der Silo – eingerichtet, beginnt das Sammeln des Materials. Zunächst werden alle im Garten anfallenden Pflanzenreste eingefüllt. Diese umfassen einmal das laufend gejätete Unkraut; natürlich ohne die samentragenden Teile – wer sät schon gern das Unkraut im eigenen Garten! Dazu kommen alle ausgezogenen oder abgeschnittenen Nutz- oder Zierpflanzen. Mit diesen Pflanzen wird Erde vermischt. Bei ausgezogenen Pflanzen genügt das mit dem Wurzelballen (den man nicht abschüttelt!) in den Kompost gelangende Erdreich. Andernfalls gibt man bei abgeschnittenem Material etwa 20 Prozent Erde dazu. Diese Erde ist notwendig, um den Kompost mit den erforderlichen Mikroben und Kleintieren zu »beimpfen« und damit eine gründliche und schnelle Verrottung einzuleiten. Auf die Verwendung von Kompostbeschleunigern sei hier nur hingewiesen. Sie sind sicher hilfreich, aber nicht unbedingt erforderlich. Eine einfache Möglichkeit zur Beschleunigung besteht aber darin, bereits abgelagerten Kompost zuzufügen (etwa 5–10 Prozent); denn dieser enthält die erforderlichen Organismen.

Pflanzenreste werden, mit Erde vermischt, auf den Komposthaufen geschichtet und abgedeckt

HOLZ IM KOMPOSTHAUFEN

In den Komposthaufen gehören auch Holz oder verholzte Teile – etwa vom Schnitt der Obstbäume und Hecken –; denn Holz verbessert die Struktur der entstehenden Komposterde. Vor allem steigert es die Fähigkeit, Wasser zu binden. Allerdings müssen die verholzten Teile klein genug sein. Hierzu ist ein Komposthäcksler zu empfehlen, der diese Arbeit schnell und ohne Mühe erledigt. Er beschleunigt zugleich die Kompostierung, die stets von einer genügenden Zerkleinerung des eingebrachten Materials abhängt. Deshalb sollten auch die derben Stengel vieler Zierpflanzen – man denke nur an Sonnenblumen oder Herbstastern – zerkleinert werden.

Etwas problematisch ist Rasenschnitt, der im Komposthaufen leicht zu geschlossenen, für Luft und Wasser undurchdringlichen Schichten zusammenfällt. Diese faulen zwar, verhindern aber die Verrottung. Rasenschnitt wird deshalb nur in sehr dünnen Schichten aufgestreut oder – besser – sofort mit Erde und Pappe, Papier oder Holzresten (Sägespänen!) vermischt. In dieser Form eignet er sich sehr gut als Zuschlag zum Kompost, zumal man mit ihm auch den Düngewert steigern kann. Auf den Rasen aufgebrachter Dünger gelangt über das Gras in den Kompost, dabei werden diese Nährstoffe in eine Form übergeführt, die für Gewürz- oder Gemüsepflanzen verträglich ist.

Selbst die Kompostierung von Speiseresten ist möglich, es muß nur sichergestellt sein, daß kein Ungeziefer – allem voran Ratten oder Mäuse – an den Kompost gelangen. Dies ist praktisch nur in geschlossenen Behältern möglich, die nur über kleine Öffnungen belüftet werden. Darin lassen sich Gemüseabfälle, Eier- oder Kartoffelschalen, Brotreste und andere mehr als gute und die Kompostierung fördernde Zuschläge benutzen. Das gesamte Material wird schichtweise in den Silo oder auf den Komposthaufen gefüllt. Nach jeder Schicht von 15 bis 20 cm Pflanzenmaterial gibt man eine Lage Rasenschnitt-Mischung oder Speisereste hinzu und streut dann eine dünne Schicht Kalk auf. Falls das eingefüllte Material weniger als etwa 15 Prozent Erde enthält, streut man zusätzlich Erde auf. Darüber kommen dann wieder Pflanzenabfälle. Das Material sinkt mit fortschreitender Welke und Verrottung so stark zusammen, daß während des ganzen Sommers für 300–400 m^2 Garten 1 m^2 Silo ausreicht. Ein Komposthaufen für diese Fläche benötigt ca. 1,5 m^2. Im Herbst ist allerdings der Materialanfall höher; auch dann sollte aber nicht höher als 1,20 m geschichtet werden.

DURCHLÜFTUNG UND DURCHFEUCHTUNG

Wichtig für eine gute und durchgreifende Rotte sind Durchlüftung und Durchfeuchtung. Der Kompost muß stets feucht, aber nicht naß sein. Vermeidet man ein zu starkes Austrocknen, etwa durch Abdeckung oder einen schattigen Standort, genügt meist das bei der Zersetzungstätigkeit der Bodenlebewesen entstehende Atmungswasser. Gegen zu viel Wasser, etwa in feuchten Jahren, hilft eine Abdeckung aus einer Lage Gras oder mit schwarzer Folie. Diese ist undurchlässig für Licht und verhindert so gleichzeitig das Keimen und Wachsen von Unkräutern. Außerdem kann sie zum Aufschichten neuer Pflanzenreste leicht abgenommen werden. Die Durchlüftung erreicht man im Komposthaufen durch Einbringen grober Pflanzenteile, etwa der derben Stengel von Stauden, zerkleinerten Ästen und Zweigen. In den meisten Silos sind Hilfseinrichtungen für die Durchlüftung vorgesehen. Da diese jedoch auch die Austrocknung fördern, müssen Silos oft zusätzlich befeuchtet werden. Das geschieht am einfachsten, indem man sie einmal während des Regens offen stehen läßt.

Im Spätherbst – mit dem Abräumen und Umgraben – wird der Kompost umgesetzt, denn er soll nun ein Jahr lang ablagern. Bei dieser Gelegenheit wird der Haufen oder der Siloinhalt durchgemischt, indem man beim Umsetzen senkrecht abgräbt und den neuen Haufen wieder schichtweise aufsetzt. Bei dieser Gelegenheit kann nochmals nachgekalkt werden. Der fertige Haufen wird wieder mit Gras oder schwarzer Folie abgedeckt. In dieser Weise liegt er bis zum folgenden Herbst, denn dieser »Rohhumus« ist noch zu wenig zersetzt. Er enthält noch zu große Stickstoffmengen, als daß er schon auf die Beete ausgebracht werden dürfte. Dieser Rohkompost eignet sich aber vorzüglich zur Bepflanzung mit Gurken, Kürbis, Tomaten oder Kapuzinerkresse. Diese Pflanzen benötigen einen gut gedüngten, stickstoffreichen Boden. Sie erlauben es, den Rohkomposthaufen bestmöglich zu nutzen, und gleichzeitig halten sie ihn feucht und schattig.

Am Ende des zweiten Jahres ist der Kompost so weit ausgereift, daß er verwendet wird. Es genügt, ihn im Herbst auf die abgeernteten Felder beziehungsweise nach dem letzten Schnitt zwischen die Gewürzstauden als 2–4 cm dicke Schicht zu streuen. Während des Winters geht die Zersetzung weiter; außerdem gelangen nun Vögel an den Kompost und vertilgen sowohl etwa vorhandene Unkrautsamen als auch Schadinsekten. So tragen die Vögel zur Gesunderhaltung des Gartens bei. Im Frühjahr wird durchgehackt beziehungsweise abgerecht und dabei der Kompost eingearbeitet.

Mit der Anlage des Komposthaufens sind nun alle Voraussetzungen im Garten erfüllt, damit – endlich – gesät und gepflanzt werden kann.

ANZUCHT UND PFLEGE DER KRÄUTER

ANSAAT

Die beliebtesten Gewürzpflanzen müssen in jedem Jahr gesät werden; andere – wie Schnittlauch oder Thymian – zieht man bei der Neuanlage des Gartens aus Samen. Vorgezogene Pflanzen in Töpfen kauft man allenfalls für das Küchenfenster oder wenn man nur sehr geringe Mengen benötigt.

Zur Einsaat zieht man eine flache Rinne in den Boden, in die man die Samen streut. Reihen haben gegenüber der oft empfohlenen breitwürfigen Einsaat den Vorteil der leichteren Bodenbearbeitung – zwischen den Reihen läßt sich leicht hacken.

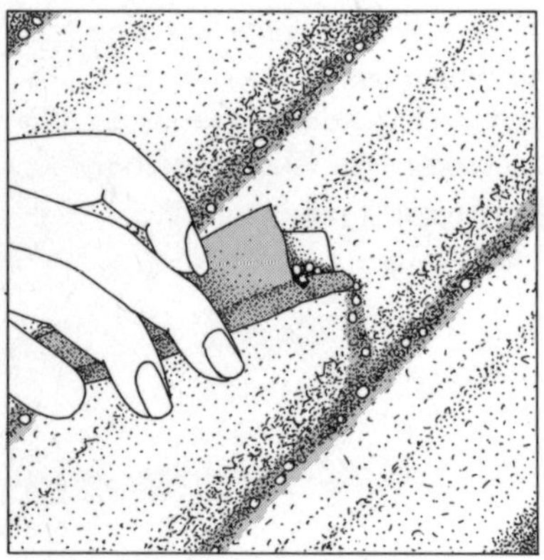

Saatreihen sind leicht zu bearbeiten

Zum Einstreuen mischt man die Samen aus dem (preiswerteren) Samentütchen zunächst mit feinem Sand und streut dann diese Mischung in die Rille. Andernfalls sät man meist zu dicht und muß später vereinzeln. Die Doldenblütler unter den Gewürzpflanzen (Petersilie, Kerbel, Anis oder Dill) werden jedoch dichter gesät, da sie nur langsam und oft lückenhaft keimen. Verwendet man piliertes, also in Kügelchen eingeschlossenes Saatgut, so legt man die Körner einzeln in die Rinne; Saatbänder bringt man am Stück ein. Nun wird dünn mit Sand oder Erde überschichtet und leicht angedrückt.

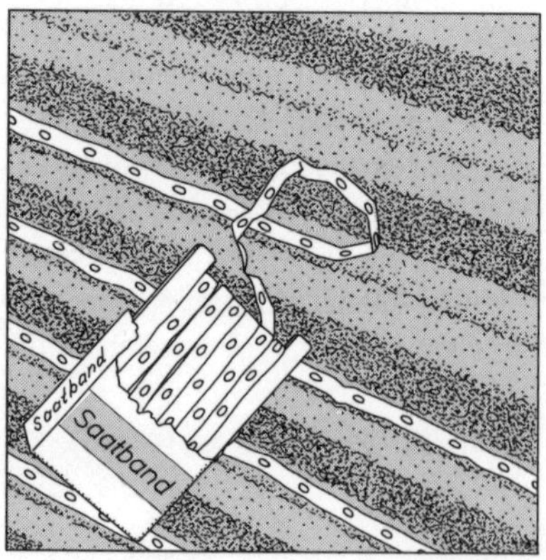

Gleichmäßige Aussaat mit dem Saatband

Möchte man die Keimung beschleunigen oder sät man sehr zeitig im Frühjahr, empfiehlt es sich, die eingesäten Beete mit Folie abzudecken. Diese wird als Gärtner- oder mitwachsende Folie auf die fertigen Beete gelegt und am Rande beschwert, damit sie nicht fortweht. Unter dieser Folie hält sich die Feuchtigkeit besser. Die Temperatur steigt etwas über die Lufttemperatur an, und Vögel können nicht an die Samenkörner. Besteht Schneckengefahr, so kann man unter der Folie Schneckenkorn streuen, um die besonders anfälligen Sämlinge zu schützen, ohne die spätere Ernte und Tiere wie Igel, Spitzmäuse oder Vögel zu gefährden.

Frostempfindliche Gewürze wie Majoran oder Basilikum kann man erst nach den Spätfrösten ausbringen, also etwa ab Mitte Mai. Bis zur beginnenden Blüte und damit bis zur Ernte sind es dann meist nur etwa 3 Monate. Bessere Ernten erzielt man deshalb mit vorgezogenen Pflanzen. Hierzu sät man bereits im März in Töpfe oder Saatschalen, die man ans Fenster stellt. Nach dem Aufgehen der Sämlinge (dem »Auflaufen«, wie der Gärtner sagt) vereinzelt man die

Keimlinge in kleine Töpfe – am besten solche, die mitsamt den Pflanzen im Garten eingesetzt werden (Torf- oder Erdpreßtöpfe). Dieses sogenannte »Pikieren« führt man durch, indem man mit einem feinen Stäbchen die Keimlinge aus der Erde nimmt und sie in den mit Erde gefüllten Topf oder in eine Saatschale setzt. Hierfür sticht man mit dem Stäbchen ein kleines Loch vor. Als Substrat für diese Vorkultur eignet sich käufliche Blumenerde oder ein Gemisch aus Sand, Torf und Gartenkompost (etwa 1 : 1 : 1) mit geringem Düngergehalt. Die Sämlinge oder pikierten Pflanzen kommen in ungeheizte Räume, andernfalls deckt man sie mit Glas oder einer Folienhaube ab. Die Luft und die Erde darunter bleiben feucht, und die Pflanzen können gut gedeihen.

AUSPFLANZEN IM MAI

Diese vorgezogenen Pflanzen werden nach den Spätfrösten Mitte Mai (den »Eisheiligen«) ausgepflanzt. Dabei ist zu beachten, daß die im Wohnraum vorgezogenen Pflanzen nicht an das natürliche Licht angepaßt sind, da Glas kein ultraviolettes Licht durchläßt. Diesem werden die Pflanzen beim Ausbringen ins Freiland ohne Vorbereitung ausgesetzt. Um sie zunächst etwas zu schützen, schattiert man sie für einige Tage. Sie »trauern« dann nicht so lange, stellen

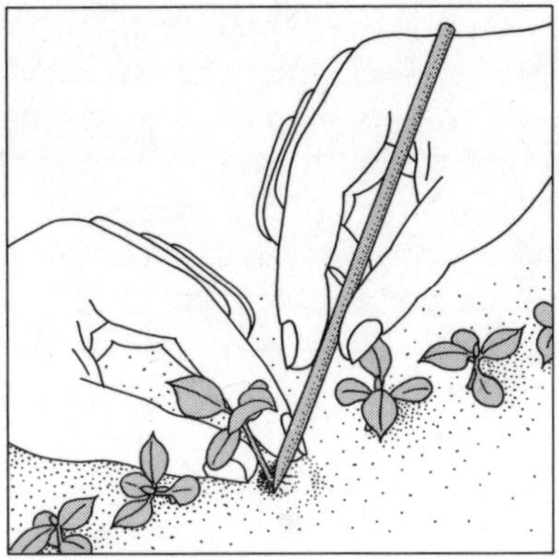

Jungpflanzen werden pikiert

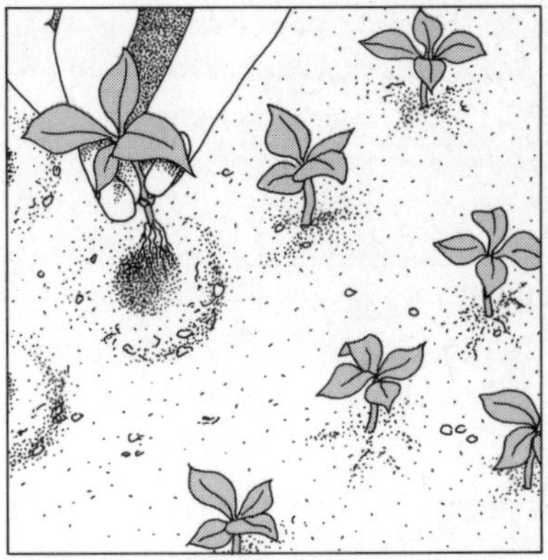

Mitte Mai werden die Pflanzen ins Freie gesetzt

sich schneller um und bringen so diese Zeit, in der sie recht empfindlich sind, schnell hinter sich.
Mehrjährige Stauden werden, wenn man sie selbst aus Samen ziehen möchte, ähnlich vorgezogen. Man sät zunächst einige Samen in Töpfe oder direkt ins Beet ein und setzt je nach Bedarf ein bis drei Jungpflanzen an den endgültigen Standort, sobald sie etwa 5–10 cm hoch sind oder das zweite Blattpaar bilden. Zum Einsetzen macht man eine kleine Grube, die etwas größer als der Wurzelballen der einzusetzenden Pflanze ist. Man rührt mit Wasser einen Brei aus Erde an und setzt den Wurzelballen oder die Pflanze im Torfpreßtopf hinein. Dann füllt man die ausgehobene Erde wieder ein und drückt etwas an. Auf diese Weise sind die Wurzeln sofort gut von Erde umschlossen, und die Wasseraufnahme wird erleichtert. Ähnlich verfährt man, wenn man die Stauden als vorgezogene Jungpflanzen einzeln kauft oder wenn man vom Nachbarn ein Stück erhält, das beim Verkleinern angefallen ist. Stark wuchernde Pflanzen wie Pfefferminze oder Waldmeister kann man »bremsen«, wenn man sie in einen Betonring oder einen Eimer ohne Boden einpflanzt.
Einsäen und Verpflanzen sollten stets in Schlechtwetterperioden durchgeführt werden. Der hohe Wasserbedarf keimender Samen oder frisch eingesetzter und noch nicht eingewurzelter Pflanzen ist leichter zu decken; eine übermäßige Austrocknung wird so vermieden.

BEOBACHTUNG UND PFLEGE

Ist nun alles so weit vorbereitet und die Pflanzen wachsen, beginnt sofort die Pflege der Beete. Die wichtigste

Maßnahme hierbei ist die regelmäßige Beobachtung. Nur sie erlaubt es, alle Veränderungen rechtzeitig zu erkennen und rechtzeitig Gegenmaßnamen durchzuführen. Ein abendlicher Rundgang ist für den Garten wie für den Gärtner vorteilhaft. »Ein Garten möchte jeden Tag seinen Herrn sehen«, heißt es im Sprichwort.

HACKEN

Die zweitwichtigste Pflegemaßnahme ist das Hacken. Die Erde auf den Beeten muß in regelmäßigen Abständen gelockert werden, damit die zwischen den Saatreihen oder Stauden freiliegende oberste Bodenschicht nicht verhärtet; was beim Unterlassen des Hackens nach Regen oder reichlichem Gießen unweigerlich geschieht. Man verwendet eine kleine Hacke mit scharfer Schneide, die man entweder zwischen den Saatreihen einfach durchzieht oder mit der man um die Pflanzen die Erde aufbricht. Die Schneide dient dabei gleichzeitig zum Vernichten unerwünschter Wildkräuter, die von ihr entwurzelt und mehrfach zerteilt werden. Man erspart sich damit einen großen Teil des Schweiß und Muskelkater produzierenden Jätens. Außer zum Beseitigen des Unkrautes dient das Durchhacken und Auflokkern zum Verbessern der Bodendurchlüftung und zum Vermeiden von Wasserverlust aus dem Boden. Das Hacken zerstört die vielen Kanäle (Kapillaren) im Boden, durch die das Wasser zur Bodenoberfläche steigt, wo es verdunstet. Bis zu ihrer Neubildung wird nur wenig Wasser abgegeben. Aus all diesen Gründen ergibt sich, daß man möglichst bei schönem Wetter hackt. Das zerteilte Unkraut verdorrt dann sofort, und die Wasserverdunstung aus dem Boden wird eingeschränkt.

JÄTEN

Wie bereits gesagt, wird durch das Hacken regelmäßig ein großer Teil der Wildkräuter beseitigt. Es bleibt zum Jäten nur das, was zwischen den Pflanzen in den Saatreihen steht. Dies läßt man zunächst einmal wachsen. Erst wenn die Sämlinge gut genug eingewurzelt sind, etwa wenn sich die Blätter bilden, zieht man vorsichtig alles Unerwünschte, also auch die etwa zu dicht stehenden Gewürzpflanzen, gleichzeitig aus. Dabei ist darauf zu achten, daß man die zurückbleibenden Pflanzen möglichst wenig beeinträchtigt. Dazu lockert man leicht auf, zieht die Pflanzen vorsichtig aus, drückt anschließend wieder etwas an und gießt.

Das gejätete Unkraut wird natürlich kompostiert. Lediglich Samen und Früchte werden in den Hausmüll gegeben – auch unreife, denn diese reifen nach.

GIESSEN

Gießen ist keineswegs, wie es oft scheint, die wichtigste Pflegemaßnahme. Hat man nämlich einen ton- und humushaltigen Boden, wird genügend Wasser gespeichert. Hackt man zudem regelmäßig durch, so können die Pflanzen in unseren Breiten ihren Wasserbedarf unschwer aus dem Boden und aus den natürlichen Niederschlägen decken. Dies gilt noch mehr für Pflanzen wie Dill, Majoran oder Kümmel, die aus trokkeneren Klimazonen stammen.

Gießen ist also nur erforderlich, wenn man einen zu wenig wasserbindigen Boden hat oder während langer Schönwetterperioden im Sommer. Werden einzelne Pflanzen (etwa Melisse oder Basilikum) vorübergehend während der Mittagszeit schlaff, so heißt das nicht unbedingt, daß man gießen muß! Dieses leichte Anwelken zeigt, daß die Pflanze momentan nicht so viel Wasser aufnehmen kann, wie sie durch Verdunstung an die Luft verliert. Später holt sie das leicht wieder nach. Dieses

Farbtafel 4 (Seite 29):

Der alte Kräutergarten auf der Bodensee-Insel Reichenau

Farbtafel 5 (Seite 30):

Schön und gesund: Salat aus Kapuzinerkresse

Anwelken heißt also nicht, daß zu wenig Wasser im Boden ist. Erst wenn die Pflanzen mehrfach hintereinander und für längere Zeit schlaff werden, muß man gießen. Und zwar kräftig, das heißt, so viel, wie ein normaler Regen bringen würde: 10 mm (= Liter pro Quadratmeter; das entspricht einer Gießkanne pro Quadratmeter). Dies in mehreren Raten, damit das Wasser jeweils Zeit genug zum Einsickern hat. Aus dem oben Gesagten ergibt sich auch, daß harter Boden vorher zu lockern ist. Das Wasser wird dann mit dem Seiher fein verteilt. Noch günstiger ist eine Sprenganlage. Nur große Pflanzen oder Sträucher werden direkt mit dem Schlauch oder aus dem Eimer gegossen.

Noch ein Wort zum Zeitpunkt des Gießens. Günstig ist dafür aus mehreren Gründen die Abenddämmerung. Während der kühleren und feuchteren Nacht sickert das Wasser ein, ohne daß große Mengen verdun-

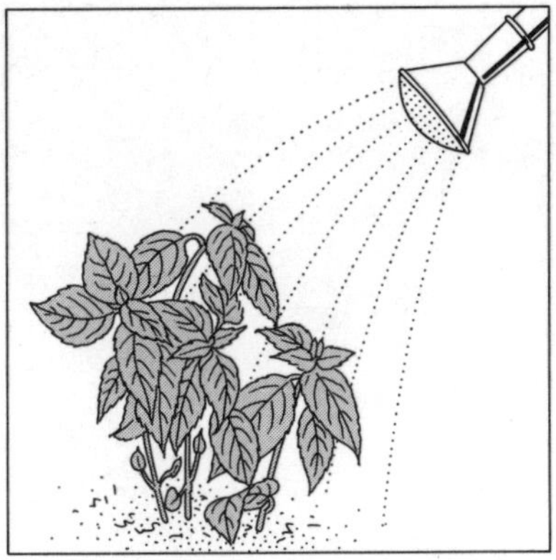

Gießen ist nur im Sommer wichtig

Gießwasser sollte sauber sein

sten. Die auf den Blättern zurückbleibenden Tropfen laufen ab. Gießt man dagegen während sonniger Stunden oder danach, wirken diese Tropfen wie Brenngläser, die mit dem gebündelten Licht die Zellen der benetzten Pflanzenteile schädigen. Außerdem sind während trockener und sonniger Stunden die blühenden Pflanzen und die sie bestäubenden Insekten nicht auf eine kalte Dusche eingerichtet. Die Schmetterlinge als Bestäuber werden abgeschreckt, und der Bestäubungserfolg wird beeinträchtigt.

Das verwendete Wasser spielt bei einem gesunden Boden keine besondere Rolle. Auch hartes Wasser wird wie der »saure Regen« von Pflanzen mit guter mineralischer Ernährung meist ertragen. Leitungswasser, aufgefangenes Regenwasser oder Grundwasser aus einem Brunnen und sogar nicht übermäßig verschmutztes Oberflächenwasser lassen sich verwenden. Während der Erntezeiten sollte man allerdings mit sauberem Wasser gießen, um die oberirdischen Teile nicht zu verunreinigen.

PFLANZENSCHUTZ

Im Gewürzgarten, nach Möglichkeit sogar im gesamten Garten, sollte Pflanzenschutz biologischer Pflanzenschutz heißen; man sollte also ohne Chemikalien arbeiten. Zumal man als Hobbygärtner nicht auf Einkünfte aus dem Garten angewiesen ist und sich leichte Verluste durch ausreichenden Anbau ausgleichen lassen. Biologischer Pflanzenschutz bedeutet ja nicht, daß man tatenlos zusieht, wenn die Pflanzen im Garten geschädigt werden. Zum Glück sind die Gewürzkräuter durch ihre Inhaltsstoffe geschützt und weniger anfällig als andere Gartenpflanzen.

Farbtafel 6 (Seite 31):

Anis (oben links)
Basilikum (oben rechts)
Beifuß (unten links)
Bibernell (unten rechts)

Farbtafel 7 (Seite 32):

Bohnenkraut (oben links)
Borretsch (oben rechts)
Brunnenkresse (unten links)
Dill (unten rechts)

Die Kaiserkrone vertreibt Wühlmäuse

Wühlmäuse mögen keine Wolfsmilch

Marienkäfer vertilgen Blattläuse

Neben den schon erwähnten Schnecken sind es hauptsächlich Wühlmäuse, Blattläuse und Pilze, die als Schädiger im Haus- wie im Gewürzgarten auftreten. Hinzu kommen in städtischen Gegenden zunehmend Kaninchen. Aber gegen jede dieser Plagen ist durchaus »ein Kraut gewachsen«:

Wühlmäuse vertreibt man durch Anpflanzung von Kaiserkrone (Fritillaria imperialis) oder Wolfsmilch (Euphorbia lathyris). Beide Pflanzen geben aus ihren Wurzeln Duftstoffe ab, die Wühlmäuse abschrecken und damit ihre Ansiedlung verhindern. Die Kaiserkrone kauft man als Zwiebel und setzt sie in den Garten dort ein, wo der Schutz erwünscht ist. Dabei muß sie gleich den endgültigen Standort erhalten; denn die Kaiserkrone verträgt kein Umsetzen. Die Wolfsmilch ist eine zweijährige Pflanze, die sich selbst aussamt, wenn man sie einmal im Garten hat; fehlt sie, läßt man sie sich vom Nachbarn als Sämling geben. Dann läßt man jedes Jahr ein bis zwei Exemplare zur Fruchtreife gelangen. Sie samen sich aus, oder man kompostiert sie mit den fast reifen Früchten. Die Samen keimen im Frühjahr, im Garten hat man dann stets genügend Jungpflanzen für einen dauernden und wirksamen Schutz. Die überzähligen Exemplare werden mit dem Unkraut gejätet.

Blattläuse verursachen ebenfalls erheblichen Schaden. Sie vernichten viele Pflanzen oder machen sie unbrauchbar. Wer hat schon gern Blattläuse im Salat? Im Kräutergarten sind Dill und Borretsch besonders gefährdet. An Blattläusen bewährt sich aber auch besonders gut der natürliche Pflanzenschutz. Sie haben genügend Feinde, die sie auch in unserem Garten in Schach halten: Marienkäfer-Larven wie auch die erwachsenen Tiere fressen große Mengen an Blattläusen (Zahlen bis zu 500 pro Tag werden hier genannt); Florfliegen und Ohrwürmer vertilgen zahlreiche Blattläuse; schließlich gehen auch die Meisen gern an Blattlauskolonien, um Futter für die Jungen zu suchen.

Allerdings benötigen diese Tiere auch einen entsprechenden Lebensraum in unserem Garten. Wir müssen ihnen Lebens- und vor allem Überwinterungsmöglichkeiten bieten. Am besten reserviert man dafür einen Teil des Gartens, in dem man das Laub zusammenrecht beziehungsweise liegen läßt. Hier überwintern viele Insekten, darunter auch die Marienkäfer. Schichtet man in einer Ecke das Laub höher auf, schafft man gleichzeitig ein Winterquartier für einen Igel.

Darüber hinaus benötigen wir bei einem Blattlausbefall etwas Geduld, bis sich ihre Feinde genügend entwickelt haben. In der Regel dauert es nicht länger als zwei Wochen, bis auch bei starkem Befall die Zahl der Vertilger zunimmt. Vernichtet man jedoch während dieser Zeit durch Spritzmittel die Blattläuse, so vernichtet man auch die Nützlinge. Einige Blattläuse überleben stets solche Aktionen. Sie vermehren sich anschließend ungehemmt, da ihre natürlichen Feinde verschwunden sind, bis man wieder zur Spritze greifen muß. Schließlich hat man das Gift auch in den Kräutern und damit im Kochtopf. Im übrigen kosten die meisten Bekämpfungsmittel mehr als das, was man eventuell durch ihren Einsatz im Wirtschaftsgarten rettet.

Nun darf aber nicht übersehen werden, daß sich bei günstigen Wetterlagen Blattlauspopulationen so stark vermehren können, daß einzelne Pflanzen nicht mehr zu retten sind. Auch hier läßt sich jedoch vorbeugen. Dies soll am Beispiel einer gefährdeten Pflanze, dem Dill, gezeigt werden.

Blattläuse sind artspezifisch, sie bleiben also ihrer Wirtspflanze »treu«. So gelangen sie von einer Dillpflanze stets nur auf eine andere Dillpflanze; diese Blattläuse werden nie Borretsch oder Bohnenkraut befallen. Die erste Schutzmaßnahme ist deshalb die Aufgabe eines dichten Bestandes, etwa von geschlossenen Saatreihen, zugunsten einzeln stehender Pflanzen. Dies erreicht man sehr leicht dadurch, daß man einige Pflanzen im Herbst stehen läßt, damit sie ihre Samen ausstreuen. Die im nächsten Jahr keimenden Sämlinge sind dann im ganzen Garten verteilt. Wo sie stören, erntet man sie zum Verbrauch ab, den Rest läßt man für Gurkendill und als Samenträger stehen. Auf diese Weise erreicht man nicht nur einen »Sicherheitsabstand« zwischen den einzelnen Pflanzen, sondern auch widerstandsfähigere Exemplare, denn Pflanzen aus Samen, die im Boden überwintert haben, sind wesentlich widerstandsfähiger gegen Blattläuse und andere Schädiger.

Hilft auch das nichts, so gibt es für den »Katastrophenfall« noch zwei Möglichkeiten der direkten Bekämpfung. Brennesselbrühe wirkt speziell gegen Blattläuse. Man gibt in einen Eimer Wasser einen Büschel Brennesselpflanzen und läßt das ganze zwei bis drei Tage stehen. Dann braust man die Brühe mit der Gießkanne über die befallenen Pflanzen, möglichst bei trockenem Wetter. Ein anderes »erlaubtes« Mittel ist Pyrethrum; dieser aus einer afrikanischen Staude gewonnene Extrakt wirkt ebenfalls speziell gegen Blattläuse und beeinträchtigt die anderen Insekten kaum. Beide Mittel sollten aber dem Notfall vorbehalten bleiben. In der Regel wird eine entsprechende Vorbeugung genügen, zumal wenn man als Hobbygärtner geringe Verluste in Kauf nimmt oder gar einplant.

S c h n e c k e n sind eine ähnliche

Schnecken werden von Igeln gefressen

Plage wie Blattläuse. Insbesondere die gefürchteten Nacktschnecken vernichten in feuchten Jahren ganze Ansaaten. Auch sie finden jedoch genügend Feinde im Hausgarten: Igel, Spitzmäuse, Glühwürmchen oder Vögel. Diese natürlichen Feinde benötigen nichts anderes als das oben beschriebene Eckchen im Garten, in dem sie sich tagsüber und während des Winters verkriechen können – und selbstverständlich einen giftfreien Garten.

Aber selbst wenn bei großem Schneckenbefall diese Vertilger nicht Schritt halten, braucht man nicht gleich chemische Vernichtungsfeldzüge einzuleiten. Sie helfen ohnehin nicht dauerhaft, da sie die natürlichen Feinde mehr schädigen als die Schnecken. Gefährdet sind vor allem Sämlinge und Jungpflanzen. Zu ihrem Schutz lassen sich Saatreihen mit Schneckenkorn schützen, sofern man die Beete mit Folie abdeckt. Die

Schnecken werden von den Saaten abgehalten, Vögel, Igel und andere Tiere gelangen aber weder an das Gift noch an die vergifteten Schnekken. Sind die Pflanzen groß genug, können ihnen die Schnecken kaum mehr etwas anhaben. Sollte der Befall dann doch einmal zu stark werden, stellt man Schalen mit Bier auf. Die Schnecken werden von diesen Fallen angelockt; sie kriechen hinein und ertrinken darin. Diese Methode schädigt die natürlichen Feinde der Schnecken nicht und bringt auch kein Gift an unsere Gewürzpflanzen. Ein weiteres, früher häufig angewandtes Mittel ist Ruß, der um die Pflanzen gestreut wird. Die Schnekken kriechen nicht darüber und verschonen so die Pflanzen. Ruß fällt jedoch bei den modernen Heizungen kaum mehr an; so hat diese Maßnahme wohl nur noch historischen Wert.

Tritt ein starker Schneckenbefall mit großen Verlusten regelmäßig ein, so ist dies ein sicheres Zeichen dafür, daß der Kräutergarten zu feucht und schattig ist. Hier hilft nur eine Verlegung an einen sonnigen und vor allem trockeneren Platz.

K a n i n c h e n dringen in zunehmendem Maße aus Parks und Anlagen auch in die Gärten ein, vor allem in sandigen Gegenden. Haben sie einmal im Garten oder in seiner Umgebung Fuß gefaßt, werden sie zur Gefahr für alles, was im Garten wächst. Ist dies zu befürchten, muß man das Grundstück mit einem kaninchensicheren Zaun schützen. Ein solcher Zaun wird entweder auf eine 30 cm tief fundamentierte Mauer gesetzt oder, besser man fundamentiert gleich bis auf Frosttiefe, also 80 cm tief. Die höheren Kosten machen sich durch eine längere Lebensdauer mehr als bezahlt. Oder man setzt einen Zaun aus kunststoffummanteltem Maschendraht 30 cm tief in den Boden. Nur dann wühlen sich die Tiere nicht mehr darunter durch. Natürlich muß man gleichzeitig etwa schon vorhandene Kaninchen vertreiben; das geschieht am besten, indem man ihre Bauten aufgräbt.

P i l z e an unseren Gewürzpflanzen sind nur schwer zu bekämpfen, wenn sie erst einmal auftreten. Sie zeigen sich in Verfärbungen und Verkrümmungen der befallenen Teile. Diese Anzeichen breiten sich ständig weiter aus, und die Pflanzen wachsen schlechter. Befallene Gewürzkräuter sind nicht mehr zum Verzehr geeignet. Pilze sind ohne Chemie praktisch nicht zu bekämpfen. Besser ist deshalb die Vorbeugung. Die Pflanzen sind ständig zu beobachten. Falls einmal eine Pilzinfektion auftritt, werden die befallenen Pflanzen und ihre Nachbarn ausgezogen und vernichtet. An mehrjährigen Stauden schneidet man die befallenen Teile mit den angrenzenden Zweigen oder Trieben heraus. Dies muß sehr großzügig geschehen, denn Pilzbefall wird erst bei fortgeschrittener Entwicklung sichtbar. Neben den sichtbar befallenen Stellen sind deshalb stets infizierte Teile vorhanden, die noch keine sichtbaren Anzeichen erkennen lassen. Tritt in mehreren Jahren Pilzbefall an derselben Staude auf, so muß diese vernichtet werden. Außerdem ist streng darauf zu achten, daß nach Pilzbefall Neuansaaten oder Neuanpflanzungen an einer anderen Stelle erfolgen – denn im Boden um befallene Pflanzen bleiben stets Sporen, also die Vermehrungsorgane der Pilze zurück.

Von Pilzen befallene Pflanzenteile müssen vernichtet werden

RÜCKSCHNITT UND VERKLEINERN

Unter guter Pflege werden die Kräuter kräftig wachsen und eine ausreichende Ernte liefern. Bei den jährlich anzusäenden Gewürzpflanzen läßt sich die benötigte Menge leicht ab-

Zu große Stauden werden mit dem Spaten geteilt

Vertrocknete Zweige werden zurückgeschnitten

schätzen und dem Bedarf anpassen. Stauden wie Schnittlauch, Pfefferminze oder Waldmeister und Halbsträucher wie Weinraute oder Salbei werden jedoch von Jahr zu Jahr größer, so daß sie selbst bei ständiger Entnahme schließlich zu groß werden und zu viel Platz beanspruchen. Dann muß man sie verkleinern. Dies ist recht einfach.

Stauden, die ihre oberirdischen Teile jährlich neu bilden und im Herbst vollständig »einziehen«, werden mit dem Spaten zerteilt, indem ein Teil des Stockes ausgestochen wird. Dieser Teil wird dann kompostiert oder dem Nachbarn zur Anlage seines Kräuterbeetes geschenkt. Der Rest verbleibt im Boden. In dieser Weise lassen sich Schnittlauch, Melisse oder Pfefferminze problemlos und kräftig verkleinern.

Schwieriger ist es bei Halbsträuchern wie Ysop, Weinraute oder Thymian. Bei ihnen überwintern die oberirdischen, verholzten Teile und treiben im nächsten Jahr wieder aus. Teilweise hilft uns hier die Natur; denn diese meist aus wärmeren Ländern stammenden Pflanzen frieren in strengen Wintern ein Stück zurück. Im Frühjahr entfernt man lediglich alles, was nicht mehr ergrünt. Genügt dies nicht, so verkleinert man im Frühjahr nach dem Austreiben, indem man große Teile mit der Gartenschere herausschneidet. Dabei bleibt jedoch stets so viel stehen, daß eine ausreichende Ernte und die Lebensfähigkeit der Pflanze gesichert sind. Wieviel das ist, richtet sich nach der Wüchsigkeit der Pflanze wie auch nach dem persönlichen Bedarf; Richtlinien kann man hier kaum geben.

Kräuter im Zimmer und auf dem Balkon

Dies gelingt durchaus und erlaubt außerdem, die Ernte bis in den Winter hinein zu verlängern. Das wird auch von den Besitzern eines Kräutergartens durchaus geschätzt. Der Aufwand ist natürlich im Wohnraum größer als im Garten, aber der Erfolg bleibt nicht aus, zumal die wichtigsten Utensilien bereits im Handel sind. Was für einen erfolgreichen Anbau im Zimmer und auf dem Balkon zu beachten ist, wird deshalb hier zusammengestellt.

ANBAU AUF DEM FENSTERBRETT

Die A u s w a h l der Pflanzen ist besonders wichtig; denn nicht alle Kräuter, die im Garten problemlos wachsen, lassen sich auch im Zimmer halten. Ohne nennenswerte Schwierigkeiten gelingt dies mit den meisten einjährigen Gewürzpflanzen. Von ihnen scheiden jedoch Anis, Kümmel und Kamille aus. Sie lohnen den Aufwand nicht, werden ohnehin nur trocken verwendet und sind im Zimmer nur schwer zum Blühen und Fruchten zu bringen. Von den mehrjährigen Stauden kommt hauptsächlich der Schnittlauch in Frage. Eine Sonderstellung nimmt hier der Rosmarin ein. Er kann bei uns nur im Zimmer überwintert werden und wird deshalb – zumindest im Winter – wie eine Zimmerpflanze gehalten. Andere mehrjährige Gewürzpflanzen scheiden aus, da der Aufwand recht hoch und der Gewinn fraglich ist. Diese Einschränkungen bedeuten natürlich nicht, daß man nicht auch hier ein bißchen experimentieren könnte, indem man versucht, weitere Gewürzkräuter im Zimmer zu kultivieren. Im übrigen ist bei den einzelnen Pflanzen vermerkt, ob sie sich für das Fensterbrett oder den Balkon eignen.

Als Kulturgefäße eignet sich eigentlich alles, was man mit Erde füllen kann: alle Formen und Größen der bekannten Blumentöpfe (einschließlich solcher aus Kunststoff), sonstige Töpfe, Saatschalen oder Balkonkästen; sogar Holzkisten (Obststeigen) sind geeignet, sofern man sie mit einer wasserdichten Folie auskleidet. Fehlt ein Wasserauslauf – wie ihn Blumentöpfe besitzen – ist das nicht hinderlich; man muß nur beim Gießen beachten, daß überschüssiges Wasser nicht ablaufen kann und man deshalb stets nur mäßig gießen darf. Wem diese Gefäße nicht gefallen, der sei auf die modernen Systeme hingewiesen. Sie sind gut für die Pflanzen geeignet, unbeschränkt auf- und anbaubar und hübsch anzusehen.

Kräuter kann man in verschiedenen Gefäßen ziehen

Die Substrate (Erden) sollte man fertig kaufen. Der Aufwand für eigene Mischungen lohnt meist nicht, zumal man Gartenerde oder -kompost als wichtigste Grundlage ohnehin nur hat, wenn man einen eigenen Garten besitzt. Und dann zieht man die Kräuter besser gleich dort an. Als Substrat kommen Einheitserde, Balkon- oder Topferden in Betracht; ebenso Torfkultursubstrate (TKS 2; für Dauerpflanzungen TKS 1 + Nachdüngung). Sollte man dennoch versuchen, seine eigenen Mischungen anzusetzen, etwa für eine größere Zimmerpflanzensammlung, hier ein paar Möglichkeiten:

- Gartenkompost, Torf (gekalkt) und Sand etwa 1 : 1 : 1 mischen.
- Maulwurfserde (die man sich im zeitigen Frühjahr von Wiesen mit guten Böden holt), Torf (gekalkt) und Sand 2 : 1 : 1 mischen.
- Gartenerde mit Torf etwa 2 : 1.

Wichtig ist, daß die benutzte Erde frei von Schädlingen ist, denn Bekämpfungsmöglichkeiten gibt es im Zimmer praktisch nicht. Die wichtigste Vorbeugungsmaßnahme besteht darin, unverseuchte Substrate zu verwenden. Die käuflichen Erden sind meist frei von Schädigern. Das erforderliche Dämpfen ist im Haushalt nur schwer durchzuführen. Aus diesem Grund empfiehlt sich ebenfalls die Verwendung käuflicher Substrate.

Die Erde wird vor dem Einfüllen in die Pflanzgefäße gut angefeuchtet und durchgearbeitet. Bei selbsthergestellten Erden mischt man einen

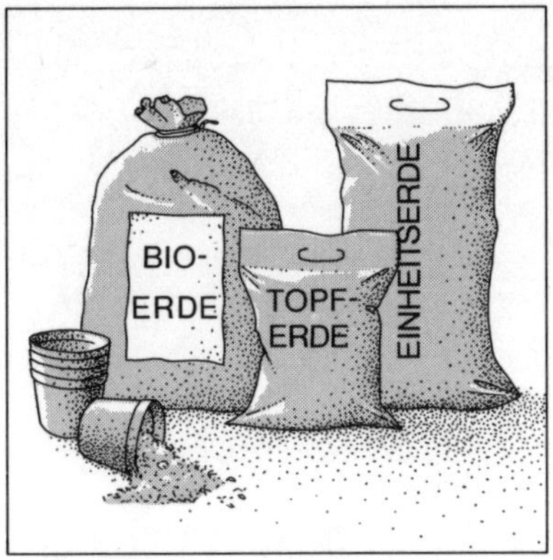

Topfkulturen brauchen nahrhafte Erde

Langzeitdünger zu (etwa 2 g/l Substrat). Ergänzend sei darauf hingewiesen, daß einige Kräuter auch ohne Erde, etwa im feuchten Sand oder Filterpapier angezogen werden können. Dies gilt vor allem für die Kresse.

Die Ansaat erfolgt nun direkt auf das Substrat, entweder einzeln oder in Reihen. Die Samen werden mit einer dünnen Schicht Feinsand oder Feinerde abgedeckt und angedrückt. Zur Förderung des Keimens und zum Verbessern der Entwicklung legt man auf die Gefäße eine Glasplatte oder zieht eine Folienhaube darüber. Nach dem Auflaufen wird – falls nötig – vereinzelt, damit die Pflanzen nicht zu dicht stehen und sich das wenige Licht gegenseitig wegnehmen.

Natürlich ist es jederzeit möglich, verschiedene Kräuter nebeneinander im gleichen Gefäß anzuziehen. Ein Obstkistchen mit drei bis vier verschiedenen Kräutern ist nicht nur praktisch, sondern bietet bei entsprechender Gestaltung auch einen ansprechenden Anblick auf dem Küchenfenster.

Gießen ist im Zimmer die wichtigste Pflegemaßnahme. In den Töpfen haben die Pflanzen ein ungleich geringeres Bodenvolumen zur Verfügung als im Garten. Der Wasservorrat ist deshalb ebenfalls gering. Er ist schnell verbraucht und muß ständig ergänzt werden. Andererseits darf man aber keinesfalls zu viel gießen, der Boden sollte stets feucht, aber nie naß sein. Er vernäßt sonst, das heißt, er enthält zu wenig Luft. Die Wurzeln der Pflanzen können nicht mehr atmen; sie sterben ab, und die Pflanzen gehen ein. Hier kann man sich helfen, indem man die Pflanzen mehrfach täglich mit geringen Wassermengen gießt. Im Winter ist das ohnehin wegen der starken Verdunstung in beheizten Räumen notwendig. Will man ein übriges tun, so schränkt man die Wasserabgabe aus dem Boden oder durch die Pflanzen ein, indem man eine Folienhaube als Verdunstungsschutz benutzt – man baut sozusagen ein kleines Gewächshaus um die Pflanze, die sich darin wesentlich wohler fühlt und besser wächst.

In den Wohnungen wird zum Gießen meist nur Leitungswasser zur Verfügung stehen. Bei guter Wasserqualität, vor allem bei nicht zu hartem Wasser, ist dies ohne Einschränkung möglich. Hartes Wasser (über 7–9 dH) muß allerdings enthärtet werden; am einfachsten geschieht das durch Abkochen. Eine andere Möglichkeit bieten die im Handel erhältlichen Enthärter. Regenwasser ist wegen der darin oft enthaltenen Schadstoffe (»saurer Regen«) problematisch. In Gegenden mit geringer Luftverschmutzung läßt sich nach längeren Schlechtwetterperioden aufgefangenes Wasser jedoch durchaus verwenden.

Nicht vergessen sollte man, die Pflanzen hin und wieder abzubrausen, um den auf den Blättern abgelagerten Staub und die mit dem verdunstenden Wasser aus der Blättern an die Oberfläche gelangenden Substanzen abzuwaschen. Einfach und sauber ist es, wenn man die Töpfe mit den Gewürzpflanzen in die Badewanne stellt und überbraust. Ist man für längere Zeit abwesend, behandelt man die Gewürzkräuter wie Zimmerpflanzen: Man installiert ein Bewässerungssystem oder läßt einen Nachbarn gießen und nach den Kulturen schauen.

Eine laufende und intensive Düngung – wie etwa für Zimmerpflanzen – ist zwar für Gewürzkräuter nicht unbedingt erwünscht. Die Bodenmenge im Blumentopf – und mit ihr der darin enthaltene Nährstoffvorrat – ist aber begrenzt. Was verbraucht ist, muß ergänzt werden. Günstig ist es deshalb, bereits beim Ansetzen für genügend Nährstoffe im Substrat zu sorgen. Man erreicht dies durch Zugabe von »Langzeitdüngern«. Von zu viel Stickstoff – etwa in Form von organischen Düngern oder Hornmehl – ist allerdings abzuraten. Empfehlenswert sind auch die Terrafen-Düngescheiben. Käufliche Erden sind in der Regel gedüngt, über das Ausmaß sollte man sich beim Kauf informieren. Dieser Düngevorrat reicht meist bis zur Ernte. Anschließend oder wenn die Pflanzen nach dem Abschneiden nicht mehr recht wachsen wollen, setzt man die Kultur neu an, und dazu sollte in jedem Fall ein frisches Substrat genommen werden.

Hält man mehrjährige Gewürzpflanzen (Schnittlauch, Rosmarin) ständig am Fenster, so müssen sie regelmäßig in frisches Substrat umgesetzt (Rosmarin wenigstens einmal pro Jahr) oder neu angesetzt werden (Schnittlauch). Einzelheiten hierzu finden sich bei den Beschreibungen der einzelnen Pflanzen.

Die Wachstumsbedingungen in Wohnräumen sind für Zimmerpflanzen eigentlich nicht günstig. Dies trifft besonders auch auf die Gewürzpflanzen zu. Zwei Faktoren wirken sich dabei ungünstig aus:

L i c h t ist im allgemeinen zu wenig vorhanden. Als Faustregel gilt, daß es nur innerhalb von 50 cm Abstand vom Fenster genügend Licht für Zimmerpflanzen gibt. Diese aber stammen häufig von schattigen Standorten (Wälder, Gebüsche), während unsere Gewürzpflanzen in der Regel

Am Fenster ist es oft nicht hell genug

an sonnige Standorte angepaßt sind – von Ausnahmen wie Pfefferminze abgesehen. Für sie ist es deshalb nur unmittelbar am Fenster hell genug. Werden sie dort allerdings noch durch umstehende Gebäude oder Bäume zusätzlich beschattet, reicht das Licht für eine erfolgreiche Kräuterzucht nicht mehr aus; besonders nicht für so lichtbedürftige Pflanzen wie Petersilie oder Majoran. Während des Winters sind außerdem die Tage kurz; dies vermindert die verfügbare Lichtmenge weiter. Ohne Zusatzbeleuchtung kommen wir dann nicht mehr aus. Diese ist in ihrer Stärke und Lichtqualität auf die Pflanzen abzustimmen. Der Handel bietet hierfür geeignete Lampen an.

Diese Zusatzbeleuchtung steigert nicht allein die Lichtmenge für die Pflanzen, sie verlängert die Dauer der Belichtung. Dies ist wichtig, da Pflanzen in unseren Breiten ihre Entwicklung nach der Tageslänge steuern. Während kurzer Tage ist für sie Winter, und sie halten Winterruhe. Sollen sie also im Winter wachsen, muß man ihnen durch längere Belichtungszeiten einen »Sommer« schaffen. Unterläßt man dies, so erhält man auch bei starker Belichtung und ausreichender Versorgung mit Wasser und Nährstoffen nur vergeilte »Wintertriebe«.

Auf der anderen Seite ist es ebenso ungünstig, wenn zuviel Sonnenlicht direkt durch das Fenster fällt. Die Scheiben absorbieren einen Teil dieses Lichtes, besonders das ultraviolette Licht. Sie strahlen dafür Wärme ab. Wegen dieses »Glashauseffektes« ist es hinter sonnenbeschienenen Scheiben stets besonders warm, an klaren Tagen sogar zu warm für die Pflanzen.

Die L u f t f e u c h t i g k e i t ist der zweite kritische Punkt. In zentralbeheizten Wohnungen ist die Luft sehr trocken, meist zu trocken für die

---

Farbtafel 8 (Seite 41):

Estragon (oben links)
Fenchel (oben rechts)
Kamille (unten links)
Kapuzinerkresse (unten rechts)

Farbtafel 9 (Seite 42):

Kerbel (oben links)
Knoblauch (oben rechts)
Koriander (unten links)
Kresse (unten rechts)

Pflanzen. Denn selbst an sonnigen Standorten im Freien ist die Luftfeuchtigkeit höher als im beheizten Wohnzimmer. In der Küche herrschen jedoch bessere Verhältnisse, denn sie wird weniger beheizt; außerdem verdampft beim Kochen und Spülen ständig Wasser. Hier hat man deshalb einen günstigen Standort für Küchenkräuter. Außerdem empfiehlt sich noch das Badezimmer mit ebenfalls höherer Luftfeuchtigkeit. Ansonsten bleibt einem nur übrig, die Töpfe unter eine Folienhaube als Verdunstungsschutz zu stellen oder die Luftfeuchtigkeit durch Sprühen oder einen Luftbefeuchter zu erhöhen. Das tut im übrigen auch den Bewohnern der Räume wohl.

B e k ä m p f u n g s m a ß n a h m e n gegen auftretende Schädiger im Wohnraum sind zwar, wie schon betont, fast nicht durchzuführen. Zum Glück gibt es dort aber auch weniger Probleme. Die im Boden lebenden und mit ihm eingeschleppten Verursacher lassen sich durch Dämpfen der Erde beseitigen. Käufliche Erden sind in der Regel frei von Schädigern, doch sollte man sich beim Kauf vergewissern. Schnecken, Fadenwürmer oder Pilzsporen sind in gedämpften Substraten sicher abgetötet.

Eine Gefahr bilden Blattläuse. Während der warmen Monate sind leicht Infektionen durch anfliegende Insekten möglich. Im Winter ist diese Gefahr aber gering. Blattläuse werden durch die trockene Luft in Wohnräumen begünstigt. Eine wichtige Vorbeugungsmaßnahme ist deshalb, die Pflanzen in ausreichender Luftfeuchtigkeit zu halten und sie gut zu beobachten. Befallene Teile werden sofort entfernt, damit sich die Tiere nicht ausbreiten können.

Eine Gefahr stellen auch Pilze dar, deren Sporen in der Luft schweben und die so auf die Pflanzen gelangen. Pilzbefall äußert sich meist in einem weißlichen oder bräunlichen Überzug auf den Blättern oder Sprossen – auch die Blattunterseite muß kontrolliert werden. Darüber hinaus können auf den Blättern einzelne Flecken absterben (Nekrosen). Solange allerdings die Pflanzen gesund sind und keine Schäden durch Fraß oder Bodenvernässung aufweisen, sind die Kräuter kaum gefährdet. Treten Pilze jedoch erst einmal auf, hilft nur ein sofortiges Verwerfen der gesamten Kultur, denn eine Bekämpfung im Zimmer ist nicht möglich, will man ein übergroßes Risiko vermeiden. Die Neuansaat erfordert neue oder gründlich gereinigte Gefäße und neues, gedämpftes Substrat. Treten wiederholt Pilze auf, so sind die Bedingungen zu überprüfen. Häufig wird ein zu feuchter Stand oder Bodenvernässung durch zu hohe Wassergaben die Ursache sein.

Die sonstigen P f l e g e m a ß n a h m e n umfassen – wie auch im Garten – zuallererst die laufende Beobachtung. Beim täglichen Wässern der Pflanzen ergibt sich diese von selbst; man muß nur ein bißchen genauer hinschauen. Man verfolgt dann die Entwicklung und das Wachstum in allen Einzelheiten und kann Fehlentwicklungen rechtzeitig erkennen.

Ebenso wie im Garten muß man auch hin und wieder im Topf am Küchenfenster die Erde auflockern. Sie wird durch das zugegebene Wasser und die Rückstände bei der Verdunstung allmählich fest, und damit wird der Luft- und Wasseraustausch zwischen Boden und Atmosphäre behindert. Man lockert vorsichtig, um die Wurzeln nicht zu beschädigen, mit einem Stab oder einer Zimmerpflanzenhacke auf.

Selbst das Jäten entfällt keineswegs, denn in den Töpfen findet sich – auch bei Verwendung gedämpfter Erde – immer wieder Unkraut aus angeflogenen Samen ein. Besonders häufig zu finden sind Moose, die sich

---

Farbtafel 10 (Seite 43):

Kümmel (oben links)
Lavendel (oben rechts)
Liebstöckel (unten links)
Majoran (unten rechts)

Farbtafel 11 (Seite 44):

Meerrettich (oben links)
Melisse (oben rechts)
Oregano (unten links)
Paprika (unten rechts)

auf der ständig feuchten und schattigen Bodenoberfläche rasch ausbreiten. All diese Pflanzen werden regelmäßig entfernt, damit sie den Gewürzpflanzen nicht die ohnehin knappen Nährstoffe oder gar das Licht entziehen.

DIE KULTUR AUF DEM BALKON

Hierbei handelt es sich um eine Kombination von Zimmer- und Freilandkultur. Die Pflanzen wachsen in Balkonkästen, sie haben also auch nur einen begrenzten Wasser- und Nährstoffvorrat zur Verfügung. Andererseits stehen sie im Freien und unterliegen damit den gleichen Bedingungen und Gefährdungen wie Freilandpflanzen. Bleiben die Pflanzen auch im Winter auf dem Balkon oder im Dachgarten – wie es in modernen Häusern mit entsprechenden Einrichtungen der Fall ist – so haben wir weitgehend ähnliche Bedingungen wie im Freiland. Für den Kräutergärtner eröffnet dies beträchtliche Möglichkeiten, einschließlich des Anbaues mehrjähriger Gewürzstauden. Verwendet man die üblichen jährlich neu bepflanzten Balkonkästen (Blumenkästen), erlaubt dies praktisch nur den Anbau einjähriger Kräuter, die man im Frühjahr einsät, im Sommer bis zum Herbst aberntet und im Herbst mit den übrigen Pflanzen verwirft. Bei mehrjährigen Kräutern kann man im Frühjahr vorgezogene Pflanzen einsetzen, die man im Herbst nach dem Abernten wieder verwirft. Hierfür sind Schnittlauch oder Bibernell geeignet. Außerdem wird man versuchen, die Gewürzkräuter zusammen mit Blumen einzusetzen, denn auf dem Balkon soll es ja auch schön blühen. Mit der Kapuzinerkresse hat man sogar eine auch für die Küche verwertbare Zierpflanze.

Viele Kräuter kann man auf dem Balkon ziehen

Sind die Balkonkästen allerdings fest installiert und geeignet für eine langjährige Bepflanzung, so kann man auch mehrjährige Gewürzstauden anziehen. Jedoch sind auch hierbei einige Einschränkungen zu beachten.

Für die Auswahl der Kräuter auf dem Balkon gelten die schon genannten Gesichtspunkte: die individuelle Vorliebe für bestimmte Gewürze, Einschränkungen durch den Standort (Lichtmangel!), und die Beschränkung auf einjährige oder schnellwachsende Stauden. Große Pflanztröge gestatten die Anpflanzung weiterer Arten, doch auch hier wird man zunächst die beliebtesten Kräuter anbauen: Dill, Petersilie, Schnittlauch, Borretsch und Bohnenkraut. Darüber hinaus sollte die Auswahl mit Bedacht erfolgen: Nicht jeder mag den Geruch von Pfefferminze oder Weinraute auf dem Balkon. Stauden, die sich schnell ausbreiten, sind unpraktisch für den engen Balkonkasten; Waldmeister, Pfefferminze oder Melisse scheiden deshalb wohl aus. Wegen des Aufwandes wird man auf dem Balkon auch auf solche Pflanzen verzichten, die man besser gebrauchsfertig kauft, etwa weil man sie nur getrocknet verwendet wie Anis, Kümmel oder Kamille. Bei den Beschreibungen der Pflanzen wird die Eignung für Blumentopf oder Balkon in einem eigenen Abschnitt behandelt.

Das Substrat ist bereits beschrieben worden; man verwendet die gleichen Mischungen wie für Zimmerpflanzen. In Pflanzkästen, deren Inhalt für mehrere Jahre reichen muß, füllt man unter den Boden eine Drainageschicht von etwa einem Drittel der Gesamthöhe der Bodenschicht ein. Geeignet hierzu sind Kies und Ton- oder Ziegelscherben. In dieser Schicht sammelt sich das Wasser. Es steht den Pflanzen zur Verfügung, ohne daß sich der Boden in den unteren Schichten durch ständige Durchfeuchtung vernäßt oder versauert. Diese Gefahr besteht während langanhaltender Regenperioden auch bei mäßigem Gießen.

Bei der Ansaat streut man die Samen auf die Erde, entweder flächig oder in Rillen. Dann deckt man mit etwas Sand ab, überbraust kurz und deckt mit Glas oder Folie ab. Das Verwenden vorkultivierter Topfpflanzen empfiehlt sich wegen der Arbeits- und Platzersparnis bei geringem Bedarf oder bei mehrjährigen Stauden.

Zur Pflege ist eigentlich kaum mehr zu sagen als das bereits Geschriebene. Lediglich die Düngung stellt auf dem Balkon ein kleines Problem dar. In den alljährlich neu angesetzten Blumenkästen läßt sich mit genügend Langzeitdünger die Versorgung sichern. Auch für schnellwüchsige und nährstoffbedürftige Zierpflanzen wie Petunien oder Pelargonien muß nachgedüngt werden. Und dieser Dünger steht natürlich auch den beigepflanzten Kräutern zur Verfügung. Es ist darauf zu achten, daß vorzugsweise mit Phosphor und Kali gedüngt wird; das fördert auch die Blütenbildung.

In Dauerpflanzungen muß ebenfalls laufend gedüngt werden, denn die geringe Bodenmenge kann nicht genügend Dünger aufnehmen. Gewürzpflanzen, denen ständig Teile entnommen werden, benötigen ebenso wie blühende Pflanzen mehr Nährstoffe als langsam wachsende Sträucher oder Bäumchen. Als Regel gilt, daß man nicht zuviel auf einmal düngen darf, da hohe Düngerkonzentrationen zu einer »Versalzung« führen. Sie schädigt die Pflanzen. Man düngt regelmäßig etwa alle 2 bis 3 Wochen mit kleinen Mengen. Den Dünger löst man im Gießwasser, das gleichzeitig die Dosierung ermöglicht. Man gibt etwa 1 bis 1,5 Gramm mineralischen Dünger auf 1 Liter Gießwasser. Schwer lösliche »Langzeitdünger«, die eine gleichmäßige Versorgung für längere Zeit sicherstellen, sind ebenfalls möglich – etwa in Form von Düngestäbchen. Den Stickstoffbedarf sichert man mit einem organischen Dünger (Hornmehl o. ä.), den man bereits beim Ansetzen beimischt; spätere Zugaben werden etwas eingearbeitet.

Während für die übrigen Pflegemaßnahmen das gleiche gilt wie für die Zimmerkultur, wirft das Überwintern von Daueranpflanzungen Probleme dadurch auf, daß die Kästen dem Frost erheblich stärker ausgesetzt sind als Pflanzen im Garten. Freihängende Kästen kühlen nach allen Seiten aus, während der Boden nur an der Oberfläche Wärme abgibt, die sogar teilweise von unten nachgeliefert wird. Die Pflanzen in Kästen müssen selbst im wärmeren Stadtklima tiefere Temperaturen überdauern als im Freiland. Außerdem schützt im Garten häufig eine Laub- und Schneedecke die Pflanzen zusätzlich. Im Balkonkasten ist allenfalls die Oberseite hiermit abgedeckt. Schutzmaßnahmen, etwa eine Abdeckung mit Reisig oder eine Verkleidung, haben nur dann einen Sinn, wenn sie auf allen Seiten angebracht werden. Leider sieht dies nicht immer schön aus. In klimatisch ungünstigen Lagen scheiden deshalb auch solche Gewürzstauden aus, die nur ein wenig Frost vertragen. Hierzu zählen etwa die Weinraute, der Ysop oder das Bergbohnenkraut.

Abschließend sei auf die jetzt in den Handel kommenden Gewächshäuser im Kleinstformat hingewiesen. Sie sind speziell für den Kräuteranbau auf dem Balkon entwickelt worden und gestatten ein effektives und sauberes Gärtnern auch dann, wenn nur wenig Platz vorhanden ist.

ERNTE UND AUFBEWAHRUNG

Nun soll die Ernte als das eigentliche Ziel des Anbaues besprochen werden. Dabei wird als »Ernte« jede Abnahme von Pflanzenmaterial zur Verwendung in der Küche bezeichnet, auch wenn nur einzelne Blätter abgezupft werden.

DER ZEITPUNKT FÜR DIE ERNTE

Generell erntet man, sobald die Pflanzen weit genug entwickelt sind. Verwendet man die grünen Teile, so ist der Erntezeitraum recht lange. Er beginnt im Frühjahr, wenn man die Jungpflanzen erntet, die man aus zu dichten Reihen auszieht oder die sich im Garten zu zahlreich ausgesamt haben. Auf der anderen Seite läßt sich mit Folgesaaten die Ernteperiode bis in den Herbst hinein verlängern.

Neben der laufenden Entnahme zum unmittelbaren Verbrauch erntet man bei der Haupternte größere Mengen auf einmal ab, um sie aufzubewahren. Der beste Zeitpunkt hierfür liegt bei den meisten Pflanzen vor der Blüte, da sie dann ihre Blattmasse voll ausgebildet haben, wertvolle Inhaltstoffe aber noch nicht durch die Blüten- oder Fruchtbildung verbraucht wurden. Dieser Zeitpunkt gilt für ein- wie für mehrjährige Kräuter. Bei anderen Kräutern haben wir nur einen Zeitpunkt für die Ernte. Er wird durch die Blüte und Fruchtreife (Kümmel, Anis) oder durch das herbstliche Einziehen (Meerrettich) bestimmt. In diesen Fällen sind die Erntezeiten bei den Pflanzenbeschreibungen angegeben. Diese Angaben sind zur Erzielung einer qualitativ guten Ernte einzuhalten.

WIE ERNTET MAN?

Bei Kräutern wie Schnittlauch oder Dill schneidet man die Pflanzen dicht über dem Boden ab. Einjährige Pflanzen wie Majoran oder Basilikum zieht man bei der Haupternte auch vollständig heraus, schneidet dann die Wurzeln ab und kompostiert sie. Die Beete sind dann in einem Arbeitsgang abgeerntet und abgeräumt. Bei Rosettenpflanzen wie der Petersilie entnimmt man vor allem die voll entwickelten Blätter, während man die jüngsten Blättchen zum weiteren Wachstum schont. Bei mehrjährigen Stauden erntet man

Vor dem Verwenden werden die Kräuter kurz abgespült

junge Zweige. Stets darf man jedoch nur so viel entnehmen, daß genügend für die laufende Entnahme bis zum Winter stehen bleibt, daß ein

Farbtafel 12 (Seite 49):

Petersilie (oben links)
Pfefferminze (oben rechts)
Portulak (unten links)
Ringelblume (unten rechts)

Farbtafel 13 (Seite 50):

Rosmarin (oben links)
Salbei (oben rechts)
Sauerampfer (unten links)
Schalotte (unten rechts)

Neuaustrieb möglich ist (Petersilie, Schnittlauch) oder daß die Lebensfähigkeit der Sträucher (Thymian, Ysop) nicht beeinträchtigt wird.
Nach dem Schnitt werden die Zweige unter fließendem Wasser abgespült, die angefressenen oder abgestorbenen Teile entfernt und die Blätter von holzigen Stengeln abgestreift. Nach dem Zerkleinern werden die Blätter entweder sofort verwendet oder zur Aufbewahrung für den Winter vorbereitet.

In einem Beutel trocknen die Kräuter, ohne ihr Aroma zu verlieren

Die Blätter werden von den Stengeln abgerebbelt

MÖGLICHKEITEN DER AUFBEWAHRUNG

Für diese Aufbewahrung stehen mehrere Möglichkeiten zur Auswahl. Die jeweils günstigsten Verfahren sind bei den einzelnen Pflanzen angegeben.
Trocknen ist sicher die älteste und auch heute noch am weitesten verbreitete Möglichkeit. Käufliche Gewürzkräuter sind stets getrocknet. Hierzu bündelt man die geernteten und gesäuberten Zweige oder Blätter und steckt diese Bündel in luftdurchlässige Säckchen oder Papiertüten. Diese hängt man an einem trockenen, möglichst kühlen und schattigen Ort wie dem Trockenboden auf. In der Umhüllung sind die Kräuter vor Staub, Tieren und Licht geschützt. Bei gutem Luftaustausch ist eine rasche und schonende Trocknung gewährleistet. Das Ganze geschieht vorzugsweise bei schönem Wetter. Während langer Regenperioden trocknen die Pflanzen nicht rasch genug; sie verfaulen oder bauen zumindest einen Teil der Inhaltstoffe ab. Dauert es zu lange, kann man im Backofen bei etwa 35° C nachtrocknen. Keinesfalls sollte man gänzlich im Backofen trocknen, denn er wird leicht zu heiß, und das Trockengut verdirbt.

Anschließend werden die Zweige gerebbelt, also mit der Hand zerdrückt und zerkleinert. Die nicht zerbrechenden Stiele werden entfernt. Die zerkleinerte Masse wird in dicht verschließbare Gefäße gefüllt und darin aufbewahrt. Gut geeignet sind Glasgefäße mit dicht sitzendem Schraubdeckel, die man an einem lichtgeschützten Ort, zum Beispiel im Schrank, aufbewahrt. Die oft empfohlenen Blechdosen bieten zwar einen völligen Schutz gegen Licht, Glasgefäße lassen sich jedoch leichter kontrollieren, und in einem Schrank sind sie ebenfalls gut aufbewahrt. Ein guter Lichtschutz ist wichtig, da in toten Pflanzen das Licht die Inhaltstoffe rasch zerstört. Aus diesem Grund sind auch die käuflichen Kleinregale zur »griffbereiten« Aufbewahrung der Kräuter in der Küche sehr ungünstig, da hier die Gläser dem Licht voll ausgesetzt sind. Die

Farbtafel 14 (Seite 51):

Schnittlauch (oben links)
Senf (oben rechts)
Thymian (unten links)
Tripmadam (unten rechts)

Farbtafel 15 (Seite 52):

Waldmeister (oben links)
Weinraute (oben rechts)
Wermut (unten links)
Ysop (unten rechts)

geschlossenen Gefäße sollten hin und wieder – etwa alle zwei Wochen – geöffnet werden, da sie sonst muffig werden.

Gefriertrocknen ist eine Abart der Trocknung, bei der die Kräuter in gefrorenem Zustand getrocknet werden. Diese Methode ist sehr schonend, sie bewahrt die gesamten Inhaltstoffe. Leider ist sie energieaufwendig und – mangels Geräten – in den Haushalten praktisch nicht durchführbar. Wer jedoch die Möglichkeit dazu hat, sollte sie nutzen. Käufliche Gewürzkräuter sind zum überwiegenden Teil gefriergetrocknet.

Einsalzen ist ebenfalls eine bekannte Methode. Hierzu schneidet man die geernteten Kräuter klein und bringt sie schichtweise in einen Topf, möglichst ein irdenes Gefäß. Zwischen die Schichten streut man eine Lage Salz: etwa 25 g auf 100 g Blattmasse. Die hohe Salzkonzentration verhindert das Mikrobenwachstum und damit die Fäulnis. Leider verlieren die Pflanzen dabei ihre Farbe. Außerdem werden die Inhaltstoffe, darunter auch ein Teil der Vitamine, zerstört. Das Einsalzen ist also die ungünstigste Methode und sollte nur angewandt werden, wenn es keine andere Möglichkeit gibt.

Eingesalzene Kräuter halten lange

Viele Kräuter lassen sich einfrieren

Eingefroren bleiben die Kräuter am besten erhalten. Hierzu schneidet man sie nach der Ernte und dem Säubern klein und füllt sie in Gefriergefäße, wobei man sie möglichst fest einstampft. Als Gefäße dienen die üblichen Gefrier- oder Margarinedosen. Ein besonderer »Trick« besteht darin, die Kräuter fertig gemischt portionsweise in Eiswürfelschalen einzufrieren. An die Speisen gibt man dann einen oder mehrere dieser Würfel. Aus den Gefrierdosen entnimmt man jeweils den ganzen zusammengefrorenen Block, schneidet die benötigte Menge ab und gibt den Rest wieder zurück.

Kräuteröl und -essig sind weitere Möglichkeiten der Aufbewahrung. Rezepte hierzu finden sich am Schluß des Buches.

DIE VERWENDUNG

Als Lohn für die Mühe stehen jetzt die selbst angebauten Kräuter zur Verfügung. Nun sollen sie auch möglichst gut verwendet werden.

FRISCHE KRÄUTER

Natürlich trachtet man zunächst danach, die Kräuter möglichst frisch zu verwenden. Dies ist ja schließlich ein Hauptargument für den eigenen Anbau. Hierzu werden die Pflanzen, wie beschrieben, geerntet, abgespült, gesäubert und zerkleinert. Bereitet man Kräutermischungen vor, so legt man die Pflanzen bereits vor dem Zerschneiden zusammen und mischt sie dann beim Schneiden. Hierbei arbeitet man – besonders bei größeren Mengen – gern mit einem Wiegemesser. Dies hat den Vorteil, daß man eine Mischung gröberer und kleiner Teile erhält. Sie läßt einerseits den Geschmack der einzelnen Kräuter gut zur Geltung kommen, andererseits bietet sie auch die Beimischung für die Augen gefällig dar.

Kräuter werden mit dem Wiegemesser zerkleinert

Selbstverständlich kann man auch größere Blätter oder ganze Sprosse den Speisen als Dekoration beifügen. Es muß dabei nicht immer das obligate Petersilienblatt sein. Auch Melisse, Basilikum oder Bibernell ergeben eßbare Verzierungen.

Die M e n g e der Kräuterzugabe hängt ganz vom Belieben des einzelnen ab. Bei Salaten ist eigentlich alles erlaubt, was schmeckt. Gewürze wie Estragon oder Melisse lassen sich auch zu eigenen Salaten verarbeiten, in denen sie den oder einen Hauptbestandteil bilden. Möchte man es am Tisch allen recht machen und die Kräuter sichtbar frisch auf den Tisch bringen, so bereitet man die Kräuter getrennt vor und bringt sie einzeln in kleinen Schalen auf den Tisch; jeder nimmt sich was er möchte.

GEBRAUCH NACH ANWELKEN

Wenngleich die Verwendung »gartenfrischer« Kräuter auch das Hauptziel bleibt, so soll hier doch auf das Anwelken hingewiesen werden. Viele Pflanzen riechen erst dann besonders intensiv, wenn sie welken. Bekannt sind die Gerüche trocknenden Grases oder welkender Luzerne. Waldmeister läßt man ebenfalls vor Gebrauch anwelken. Viele Pflanzen, die im Garten nicht durch ihren Geruch auffallen, entfalten auf dem Trockenboden einen kräftigen Duft. Dies kann man sich ebenfalls zunutze machen, indem man die Pflanzen

Manche Kräuter entfalten ihr Aroma erst beim Anwelken

am Abend vor der Verwendung schneidet und sie bis zum nächsten Tag welken läßt. Estragon, Melisse oder Bohnenkraut riechen und würzen dann deutlich stärker.

DAS VERWENDEN KONSERVIERTER KRÄUTER

Mit Kräuteressig statt des üblichen Essigs würzt man Salate; er dient gleichzeitig zum Ansäuern und zum Würzen. Auch Kräuteröle verwendet man an Stelle anderen Speiseöls.

Eingesalzene Kräuter gibt man zu allen Speisen, zu denen man auch Salz gibt; denn die Mischung enthält ja beides. Man würzt und salzt also gleichzeitig. Bei der Anwendung muß man darauf achten, daß man nicht zuviel des Guten tut und die Speisen versalzt. Andererseits muß man genügend Zeit zum »Durchziehen« lassen, also zum Verteilen der Kräuterbestandteile und zum Auflösen des Salzes.

Eingefrorene Kräuter entnimmt man kurz vor der Verwendung entweder als Würfel aus der Eiswürfelschale oder abgeschnitten vom Block in der Gefrierdose. Zunächst zerstößt oder zerschneidet man sie weiter, damit sie rasch auftauen. Dann erst fügt man sie den Speisen zu. In jedem Fall muß dabei – auch bei Salaten – Zeit zum Erwärmen bleiben, denn gefrorene oder zu kalte Kräuter schmecken nicht. Ihre Duft- und Geschmacksstoffe werden in der Kälte nicht frei.

GETROCKNETE GEWÜRZE

Getrocknete Gewürze müssen erst wieder aufgeweicht werden, deshalb verwendet man sie vor allem für gekochte oder gebratene Speisen. Dazu gibt man sie den Gerichten während des Kochens oder Bratens oder danach zu, jedoch stets so rechtzeitig, daß sie noch in der Flüssigkeit erweicht und erwärmt werden, also noch »durchziehen«. Kocht oder brät man sie zu lange mit, verlieren sie an Geschmack; man muß also entsprechend mehr nehmen. Einzelne Kräuter schmecken jedoch so intensiv, daß sie nur dann die Speisen verbessern, wenn sie durch genügend langes Kochen etwas abgemildert werden. Dies gilt für Liebstöckel oder Salbei. Weinraute gar ist nur nach dem Kochen oder Braten und vorherigem Trocknen wohlschmeckend. Getrocknete Kräuter eignen sich damit für alle warmen Speisen wie Fleisch, Gemüse, Eier oder Fisch.

KRÄUTERMISCHUNGEN

Kaum jemals wird man nur ein einzelnes Gewürz oder Gewürzkraut einer Speise zufügen; in der Regel wird man sie mischen. Was und wieviel man zusammenmischt, kann nicht starr festgelegt werden. Man richtet sich nach dem jeweiligen Angebot und nach dem persönlichen Geschmack. Dabei verfährt man nach der alten Regel, »nicht weniger als drei, aber auch nicht mehr als sieben Kräuter« zu mischen. Dies erlaubt die Entfaltung des jeder Pflanze eigentümlichen Geschmacks und verhindert gleichzeitig, daß eines dieser Kräuter zu stark vorschmeckt. Die Tabelle am Schluß zeigt an, welche Gewürzpflanzen für welche Speisen geeignet sind. Hieraus entnimmt man sich die für ein Gericht in Frage kommenden und mischt sich daraus das Gewünschte.

TEE AUS KRÄUTERN

Wenngleich bisher die Verwendung der Kräuter als Gewürze im Vordergrund stand, soll doch die Verarbeitung vieler dieser Pflanzen zu Tees nicht vergessen sein. Viele Kräuter waren ja ursprünglich Heilpflanzen oder sind es noch heute; man denke nur an die Kamille oder die Melisse. Tees lassen sich aus allen Kräutern kochen, die man gut trocknen kann – selbst Petersilie oder Bohnenkraut werden in Kräuterbüchern empfohlen. Möchte man regelmäßig und in größeren Mengen die eigenen Küchenkräuter auch zur Teebereitung nutzen, muß man vor allem solche in entsprechenden Mengen anbauen,

Kräutertee ist bekömmlich

die zur Grundlage von Kräutertees gehören – etwa Kamille, Melisse oder Pfefferminze.

Als Ergänzung zu solchen Kräuterteemischungen sollte man gleichzeitig Himbeeren und Schwarze Johannisbeeren im Garten haben; denn deren Blätter tragen ebenfalls zum Wohlgeschmack eigener Mischungen bei. Ein paar zugekaufte Apfelsinen- oder Hibiskusblüten geben zusätzlich Aroma. Mit ihrer Hilfe gelingt es, Kräutertees in vielen Geschmacksvariationen zuzubereiten und den Kräutergarten bestmöglich zu nutzen.

Keineswegs muß man die Kräuter immer getrocknet verwenden, um die Tees zuzubereiten. Melisse, Pfefferminze oder Himbeerblätter lassen sich auch sehr gut frisch gepflückt verwenden. Man gibt dann einfach einen Buschen junger Sprosse mit ihren Blättern nach dem Abspülen in kochendes Wasser und läßt wie üblich ziehen. Ein solcher Tee schmeckt herzhafter und erfrischender als ein von getrocknetem Material zubereiteter.

KRÄUTERLIKÖR

Wer die Kräuter nicht als Tee trinken mag, findet vielleicht an einem guten Kräuterlikör Marke »Eigenbau« seinen Gefallen. Als Grundlage benutzt man einen mit 96%igem Alkohol hergestellten Alkoholauszug, den man verdünnt, süßt, und auf den gewünschten Geschmack einstellt. Im Rezeptteil sind auch hierzu Anregungen zu finden.

Ein Kräuterlikör labt Magen und Gemüt

ANIS

Wissenschaftlicher Name: Pimpinella anisum (Apiaceae – Doldenblütler).

Bedeutung des Namens: Unbekannt.

Beschreibung: Doldenblütler mit rundlichen, ungeteilten Grundblättern und dreifach geteilten Stengelblättern. Der Sproß ist im oberen Teil verzweigt; die bis 60 cm hohe Pflanze trägt dadurch mehrere endständige Blütendolden. Aus den Blüten entstehen zweigeteilte Früchte mit deutlichen Längsrippen – diese stellen das Gewürz dar.
Der Geschmack beruht auf dem Gehalt an ätherischen Ölen; er ist süßlich aromatisch, typisch in den Anisplätzchen.

Herkunft: Die Pflanze stammt aus dem Orient, im Altertum war sie schon bekannt. Heute wird sie weltweit angebaut und ist dadurch oft verwildert.

Anbau: Anis wird im Frühjahr (April) eingesät, am günstigsten locker in Reihen mit 25 cm Abstand, so daß die Pflanzen nicht zu dicht stehen. Der Boden sollte kalkhaltig, locker und nährstoffreich sein. Wegen dieser Ansprüche kommt Anis gelegentlich als Schuttpflanze vor. Der Standort muß hell bis sonnig sein; an schattigen Standorten – wie übrigens auch in kühlfeuchten Jahren – ist der Ertrag unsicher. Gegossen wird nur bei länger anhaltender Trockenheit.

Pflegemaßnahmen: Hin und wieder auftretende Schmetterlingsraupen werden abgelesen.

Zeitplan: Aussaat im April; die Ernte erfolgt im August/September.

Anbau im Topf oder auf dem Balkon: Möglich, jedoch wegen des recht hohen Flächenbedarfs für eine ausreichende Ernte kaum lohnend.

Ernte und Aufbewahrung: Zur Ernte wird das Kraut mit den halbreifen Früchten geschnitten und in einem Leinensack getrocknet. So fallen die Früchte nicht aus. Die getrockneten Früchte werden in einem geschlossenen Gefäß kühl und trocken aufbewahrt.

Verwendung: Die getrockneten Teilfrüchte werden ganz oder zerstoßen zu Süßspeisen einschließlich der erwähnten Anisplätzchen verwendet. Außerdem gibt man ihn zu blähenden Speisen wie Sauerkraut, Kohlsalaten oder Brot. Mancher mag ihn auch an Likören, Punsch oder Glühwein.

Gesundheit: Neben Kümmel und Fenchel gilt Anis als ein wirkungsvolles Heilmittel gegen Blähsucht. An entsprechenden Speisen gibt man ihn deshalb gern zur Vorbeugung und gleichzeitig zur Förderung der Verdauung. Anis gilt auch als magenstärkendes und entkrampfendes Mittel. Die Wirkung beruht auf dem hohen Gehalt an ätherischen Ölen (Anisöl).

ANIS **(Pimpinella anisum)**

BASILIKUM **Basilienkraut**

Wissenschaftlicher Name: OCIMUM BASILICUM (Lamiaceae – Labiatae).

Bedeutung des Namens: Der Name leitet sich vom griechischen basileios (Herr, König) ab, bezeichnet also ein »herrschaftliches Gewürz«.

Beschreibung: Einjähriger Lippenblütler mit kahlen, vierkantigen Stengeln. Die Blätter sind hellgrün, bis etwa 5 cm lang, oval bis lanzettlich; sie sitzen paarweise an den Sprossen. Die Sprosse gehen in den endständigen Blütenstand über. Die Einzelblüten sind weißlich und unscheinbar. Die Früchte sind kleine Halbnüßchen (Klausen), die in den überdauernden Kelchen versteckt liegen. Bei uns werden verschiedene Sorten angebaut, darunter sogar solche mit krausen Blättern.
Der Geschmack ist würzig-aromatisch und leicht salzig.

Herkunft: Wohl aus Indien, wo weitere Arten dieser Gattung verbreitet sind. Seit dem Altertum ist Basilikum bekannt. Nach Deutschland kam es im 12. Jahrhundert, doch erst in jüngster Zeit wird es regelmäßig angebaut.

Anbau: Die Pflanze wird jährlich ab Mitte Mai in Reihen mit 25 cm Abstand ausgesät. Im Zimmer vorgezogene Pflanzen setzt man dann ins Freiland. Das Saatgut kauft man am besten. Basilikum verlangt feinen, guten, lockeren und nährstoffreichen Boden sowie einen hellen, sonnigen und windgeschützten Standort. Wasser benötigt es mehr als andere ähnliche Kräuter.

Pflegemaßnahmen: Keine.

Zeitplan: Die Aussaat Ende März in Töpfe oder ab Mitte Mai (nach den Spätfrösten) ins Freiland. Je nach Entwicklung wird ab Ende Juli bis oder Anfang August das Kraut geerntet, bevor es blüht.

Anbau im Topf oder auf dem Balkon: Leicht möglich, der Standort muß nur hell genug sein. Wegen der möglichen Vergeilung unter Lichtmangel empfehlen sich die gedrungenen Sorten. Bei ausreichender Belichtung läßt sich Basilikum auch im Winter gut anziehen.

Ernte und Aufbewahrung: Blätter und junge Triebe werden frisch verwendet, eingefroren oder getrocknet.

Verwendung: Frisch zu Salaten, gekocht in Kräutersuppen und -saucen zu Fleisch, Fisch oder Eierspeisen. Wegen des intensiven Geschmacks darf man es nur mäßig oder in Mischungen verwenden. Sein salziger Geschmack macht es geeignet für eine kochsalzlose Diät.

Gesundheit: Basilikum wirkt appetitanregend und verdauungsfördernd, es verhindert Blähungen. Die Samen (als Tee) gelten auch als Beruhigungsmittel; Umschläge mit Basilikum sollen die Heilung entzündeter Wunden fördern.

BASILIKUM **(Ocimum basilicum)**

BEIFUSS

Wissenschaftlicher Name: ARTEMISIA VULGARIS (Asteraceae – Korbblütler).

Bedeutung des Namens: Nach Grimm von althochdeutsch vivoz = schlagen, weil er an die Speisen geschlagen wird.

Beschreibung: Staude bis zu 1,50 m hoch, mit braunem, längsrilligem Sproß, der sich stark verzweigt. Die Blätter sind lappig, bis 8 cm lang und derb; ihr Rand ist häufig eingerollt, sie sitzen direkt am Sproß. Die Blüten sind unscheinbar. Sie stehen zu mehreren in kleinen Köpfchen, die wiederum zu vielen an den Zweigenden vereinigt sind.
Der Geschmack ist aromatisch und sehr bitter.

Herkunft: Nicht sicher bekannt, eventuell pazifisch; jedoch schon sehr lange als Ruderal- (= Schutt-, Müllpflanze) Pflanze bei uns eingebürgert.

Anbau: Beifuß wird wegen seiner Größe und der recht geringen Menge, die benötigt wird, auch heute noch gesammelt. Im Garten wirkt er wenig dekorativ, nimmt viel Platz weg und breitet sich häufig aggressiv aus.
Baut man ihn an, so mag er einen nährstoffreichen Boden, viel Licht und nur wenig Wasser. Man holt sich dann einen Stock in den Garten.

Pflegemaßnahmen: Falls er angebaut wird, darf man den Stock nicht zu groß werden lassen. Außerdem schneidet man vor dem Aufblühen alle Triebe ab, damit er nicht blüht und sich aussamt.

Zeitplan: Geerntet wird unmittelbar vor der Blüte, etwa im Juni.

Anbau im Topf oder auf dem Balkon: Nicht sinnvoll.

Ernte und Aufbewahrung: Die Zweige werden mit den Blütenknospen geerntet von den Blättern und Blättchen gesäubert, gebündelt, gut getrocknet und so aufbewahrt.

Verwendung: Beifuß ist das klassische Gewürz zu Gänsebraten, außerdem zu anderen fetten Braten, Geflügel, Schmalz und Aal. In kleinen Mengen kann er auch zu Kräutersuppen gegeben werden; frisch für Salate, jedoch nur in sehr geringen Mengen.

Gesundheit: Beifuß steigert die Sekretion und ist dadurch verdauungsfördernd, besonders nach Genuß fetter Speisen. Er gilt heute noch als Mittel gegen Müdigkeit. Früher verwendete man ihn auch gegen Frauenleiden und Krämpfe. Weniger bekannt ist, daß man mit ihm Fliegen und Mücken aus den Wohnräumen vertrieben hat.

BEIFUSS (**Artemisia vulgaris**)

BIBERNELL Wiesenknopf

Wissenschaftlicher Name: SANGUISORBA OFFICINALIS (Rosaceae – Rosengewächse).

Bedeutung des Namens: Wiesenknopf wegen der auffälligen knopfförmigen dunkelroten Blütenstände – Bibernell wegen der ähnlichen Blattform wie Pimpinella-Arten, mit denen sie oft verwechselt wird.

Beschreibung: Ausdauernde Staude mit gut entwickeltem Wurzelstock, der jährlich die Blätter in einer dichten Rosette treibt. Sie werden bis zu 15 cm lang und sind gefiedert. Die Fiederblättchen sind bis 2 cm lang, rundlich und deutlich gezähnt. Die blütentragenden Sprosse werden bis 50 cm hoch; sie tragen nur wenige Blätter, in deren Achseln Verzweigungen sitzen. Die Blüten sind in dichten, walzlichen dunkelroten Köpfchen vereinigt, die bis zu 2 cm Länge und 1,5 cm im Durchmesser erreichen.
Der Geschmack ist frisch, gurkenartig.

Herkunft: Einheimisch – erwähnenswert noch der kleine Wiesenknopf Sanguisorba minor (Unterart virescens) aus dem Mittelmeergebiet, die bei uns eingebürgert und ebenfalls verbreitet ist.

Anbau: Wegen des geringen Bedarfs genügt eine Staude, die man als Jungpflanze kauft und gleich an ihrem endgültigen Standort einsetzt. Die Bibernelle stellt keine hohen Ansprüche an den Boden, sie gedeiht überall; allerdings mag sie es hell und sehr feucht.

Pflegemaßnahmen: Die Blütenstengel werden entfernt – am besten vor der Blüte. Sofern man den Wiesenknopf als dekorative Blume nutzen möchte, schneidet man nach der Blüte.

Zeitplan: Nach dem Austreiben im März/April erntet man bis zum Einziehen, in günstigen Jahren also bis weit in den Herbst.

Anbau im Topf oder auf dem Balkon: Im Zimmer möglich, aber nicht zu empfehlen; für eine Dauerbepflanzung des Balkonkastens sehr gut geeignet – sofern sie genügend Raum für ihren Wurzelstock hat.

Ernte und Aufbewahrung: Die Blätter werden abgezupft und frisch verwendet. Zur Aufbewahrung friert man sie ein, am besten gleich im fertigen Gemisch. Trocknen ist nicht möglich.

Verwendung: Die Blätter nutzt man zu Salaten, besonders Gurken- und Tomatensalat; auch zu Eierspeisen, Kräutersuppen und speziell zur »Aalsuppe« werden sie empfohlen; dazu als Wein- und Branntweingewürz und zum Kräuteressig.

Gesundheit: Die Wurzel diente früher als viel gebrauchtes Mittel gegen Magen- und Darmerkrankungen, insbesondere gegen Ruhr und Durchfall. Außerdem gilt die Bibernelle als Mittel bei Kopfschmerzen, Eingeweidewürmern und starkem Blutfluß.

BIBERNELL
(Sanguisorba officinalis)

BOHNENKRAUT **Pfefferkraut**

Wissenschaftlicher Name: SATUREJA HORTENSIS (Lamiaceae – Lippenblütler).

Bedeutung des Namens: Abgeleitet aus der Verwendung zu Bohnengerichten.

Beschreibung: Einjähriges Kraut, das bis 30 cm hoch und reich verzweigt ist. Die Blätter sind schmal, gegenständig und bis zu 2 cm lang. Die Sprosse sind behaart, zum Teil rotviolett überlaufen und am Grunde verholzt. Die Blüten sind sehr klein und unscheinbar; sie sitzen zu vielen in den Achseln der endständigen Blätter. Die Früchte sind kleine, kaum stecknadelkopfgroße Spaltnüßchen, die leicht im Garten verbreitet werden.
Eine winterharte Form des Bohnenkrautes, das sogenannte »Bergbohnenkraut« (Satureja montana), hat derbere Blätter, ausdauernde und kräftig verholzte Triebe, die einen bis 60 cm hohen Busch bilden.
Der Geschmack ist bei beiden wärmend aromatisch bis pfefferartig und sehr durchdringend. Das Bergbohnenkraut schmeckt allerdings weniger intensiv.

Herkunft: Ursprünglich im östlichen Mittelmeergebiet beheimatet, ist das Bohnenkraut heute durch die Kultur weltweit verbreitet und verwildert.

Anbau: Einmal im Garten, sät sich das Bohnenkraut stets wieder selbst aus, wenn man nur einige Pflanzen bis zur Fruchtreife stehen läßt. Bei einer eventuell notwendigen Erstansaat genügt eine lokkere Reihe der mit Sand vermischten Samen. Bohnenkraut ist ein Lichtkeimer, die Saatreihe wird deshalb nicht abgedeckt. Die Pflanze verlangt einen sandigen und nicht zu nährstoffreichen Boden. Bergbohnenkraut benötigt jedoch einen besseren Boden. Der Standort muß für beide hell sein; der Wasserbedarf ist gering.

Pflegemaßnahmen: Keine.

Zeitplan: Aussaat im März oder April; Ernte ab Mai/Juni; größere Mengen zum Aufbewahren erntet man im Juni vor der Blüte.

Anbau im Topf oder auf dem Balkon: Leicht möglich, jedoch muß genügend Licht vorhanden sein. Der Anbau ist dann während des gesamten Jahres möglich.

Ernte und Aufbewahrung: Das Kraut wird entweder frisch verwendet, oder man erntet vor der Blüte ab und trocknet die gebündelten Pflanzen. Wegen des intensiven Geschmacks schadet ein Verlust durch das Trocknen nicht.

Verwendung: Vor allem zu Bohnen und anderen Gemüsen; dazu an Kräutersuppen, Saucen, Fleisch (besonders Hammelfleisch) oder Pilzgerichte; ebenso nimmt man es gern zu deftigen Bratkartoffeln, Eiern oder zu Salzgebäck.
Bergbohnenkraut kann auch zu Salaten genommen werden.

Gesundheit: Bohnenkraut ist magenstärkend, verdauungsfördernd und anregend für die Bauchspeicheldrüse. Außerdem wirkt es auf den gesamten Körper anregend, weswegen es auch als wirksames Aphrodisiacum gilt.

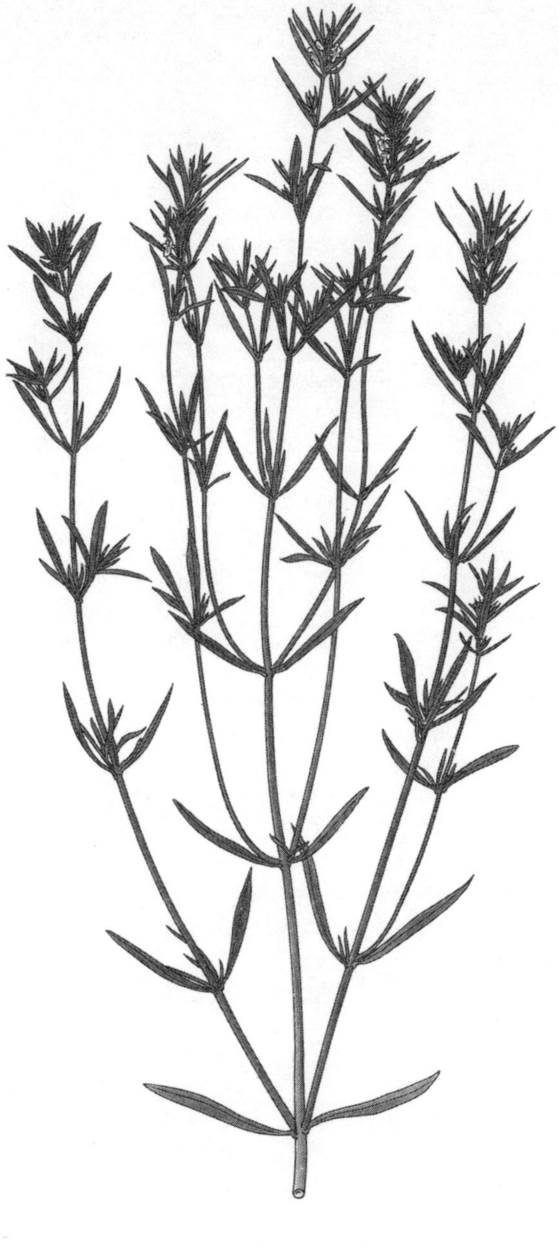

BOHNENKRAUT
(Satureja hortensis)

BORRETSCH Gurkenkraut

Wissenschaftlicher Name: BORAGO OFFICINALIS.

Bedeutung des Namens: Borago (Borretsch) von spätlateinisch »burra« = struppiges Barthaar, wegen der rauhen Behaarung.

Beschreibung: Einjährige Pflanze mit großer, verzweigter Wurzel. Der Sproß ist saftig-hohl, rauhhaarig und von den Blättern herabziehend kantig bis geflügelt. Die Blätter sind ebenfalls rauh, bis 14 cm lang und eiförmig bis oval. Die unteren Blätter stehen oft in einer Rosette, die Stengelblätter sind verteilt; in ihren Achseln entspringen zahlreiche Seitenzweige. Die blauen, sternchenartigen Blüten (bis 8 mm Durchmesser) stehen in Blütenständen, die sich während der Wachstumsperiode weiterentwickeln, so daß ständig neue Blüten aufgehen. Wegen der langen Blütezeit diente die Pflanze früher als Bienenfutter.
Der Geschmack der Blätter ist frisch, gurkenartig; er geht beim Trocknen verloren.

Herkunft: Der Borretsch stammt aus dem Mittelmeergebiet; von dort ist er bei uns eingeführt worden und häufig verwildert.

Anbau: Am besten durch Selbstaussaat; Erstansaat in günstigen Stellen möglichst einzeln. Die Samen müssen abgedeckt werden; sie sind Dunkelkeimer. Die überflüssigen Pflanzen erntet man zum frühen Gebrauch ab, einzelne läßt man als Bienen- oder Hummelweide und zum Aussamen stehen. Der Boden sollte gut und locker sein. Die Lichtansprüche sind nicht besonders hoch; Borretsch gedeiht auch im Halbschatten, gleichzeitig mag er es gut feucht.

Pflegemaßnahmen: Zu Beginn der Blüte einen großen Teil der Blütentriebe abschneiden, die Pflanzen treiben sofort nach. Hierdurch wird die Erntezeit verlängert. Von Blattläusen befallene Teile werden ebenfalls abgeschnitten, beim Vorhandensein von genügend Pflanzen auch ganz ausgerissen und kompostiert.

Zeitplan: Erstansaat im zeitigen Frühjahr (März). Bei Selbstaussaat erntet man von Ende April an die zahlreichen Jungpflanzen.

Anbau im Topf oder auf dem Balkon: Leicht möglich. Man sollte den Borretsch dann aber nicht fruchten lassen, da er sich sonst auch in Blumentöpfen vermehrt. Man muß also Blütentriebe ständig herausschneiden.

Ernte und Aufbewahrung: Die Blätter werden bei Bedarf frisch geerntet. Zum Aufbewahren friert man sie ein, möglichst als fertige Mischung mit anderen Kräutern zusammen. Beim Trocknen verliert Borretsch seinen Geschmack völlig.

Verwendung: Salate aller Art – auch als Dekoration –, dabei nur in Mischungen mit Dill, Schnittlauch, Estragon und anderen Salatkräutern. Für Kräuteressig ebenfalls zu empfehlen. Wegen seines Geschmacks eignet sich Borretsch als Zusatz für eine kochsalzlose Diät.

Gesundheit: Borretsch war früher offizinell als Tee, der als herzstärkend und blutreinigend galt und dem dazu eine kühlende, fiebersenkende Wirkung zugeschrieben wurde. Wegen seiner herzstärkenden Wirkung galt er auch als Heilmittel gegen Melancholie.

BORRETSCH
(Borago officinalis)

BRUNNENKRESSE

Wissenschaftlicher Name: NASTURTIUM OFFICINALE (Brassicaceae – Kreuzblütler).

Bedeutung des Namens: »Brunnen« steht für Wasser; »Kresse« bezeichnet scharf schmeckende Pflanzen.

Beschreibung: Sprödes Kraut, das vornehmlich im oder am Wasser lebt. Die Blätter tauchen meist auf; sie sind ca. 20 cm lang, gefiedert mit rundlichen Abschnitten und großer Endfieder. Die Sprosse sind kantig und spröde; sie werden bis 1 m lang. Die Blüten sind klein, weiß; sie stehen in reichblütigen Blütenständen, die aus dem Wasser aufsteigen.
Der Geschmack ist scharf, wie bei Kresse, dazu etwas bitter.

Herkunft: Verbreitet in Mitteleuropa bis nach Dänemark in klaren, langsam fließenden Bächen.

Anbau: Brunnenkresse wurde ursprünglich nur in Wiesen- und Abzugsgräben gesammelt und verkauft. Heute zieht man sie auch in Gärten, entweder in einem kleinen Teich oder in einer Folienmulde mit Erde, in der das Wasser stehen bleibt. Zum Anpflanzen setzt man Sproßteile ein, die man aus einem Bach holt oder aus gekaufter Brunnenkresse nimmt. Unter guter Pflege und Bewässerung gedeiht Brunnenkresse auch in schattigen Lagen im Garten. Sie verlangt dann einen guten Boden, der ständig feucht gehalten wird.

Pflegemaßnahmen: Brunnenkresse muß – vor allem, wenn sie unter Wasser gezogen wird – sorgfältig auf Schnecken kontrolliert werden; denn diese Schnecken enthalten manchmal gefährliche Parasiten des Menschen.

Zeitplan: Brunnenkresse ist – besonders unter Wasser – ausdauernd. Vom Ende des Winters (Februar/März) an wird sie geerntet, bis die Blüten erscheinen (Mai); danach schmeckt sie nicht mehr so gut.

Anbau im Topf oder auf dem Balkon: Kommt nicht in Betracht.

Ernte und Aufbewahrung: Brunnenkresse läßt sich nur frisch verwenden; sie eignet sich weder zum Einfrieren noch zum Trocknen.

Verwendung: Nur frisch als Salat, aber auch als Zusatz oder Gewürz an Salate oder andere kalte Speisen wie Quark. Auch als Dekoration für kalte Platten gut geeignet.

Gesundheit: Brunnenkresse wurde früher als erstes frisches Kraut im Frühjahr gegen Skorbut gegessen. Außerdem gilt sie als blutreinigend und wird deshalb bei Nierenleiden empfohlen. Sie wirkt anregend auf Leber und Galle, sowie bei Schwächezuständen.

BRUNNENKRESSE
(Nasturtium officinale)

DILL

Wissenschaftlicher Name: ANETHUM GRAVEOLENS (Apiaceae – Doldenblütler).

Bedeutung des Namens: Unbekannt; eventuell bezieht er sich auf »Dolde«.

Beschreibung: Doldenblütler mit 15 bis 20 cm langen, sehr fein zerteilten Blättern, die nahezu filigran wirken. Die Sprosse werden bis 1,20 m hoch; sie sind wie die Blätter graugrün und zudem durch helle Rinnen längsgestreift. Die großen und sehr flachen Blütenstände sind während der Blüte gelb, bei der Fruchtreife braun. Die Wurzel ist verzweigt und im Verhältnis zu anderen Doldenblütlern recht dünn.
Das Kraut riecht streng, der Geschmack ist herzhaft-aromatisch.

Herkunft: Die Wildform stammt aus dem Orient; durch die Kultur ist die Pflanze heute weltweit verbreitet und stellenweise verwildert, so im gesamten Mittelmeerraum.

Anbau: Dill ist eine einjährige Pflanze, er kann also nur gesät werden. Im Garten läßt man ihn auch aussamen. Die Samen überwintern im Boden und keimen im Frühjahr aus. Dies ergibt besonders kräftige und widerstandsfähige Pflanzen. Beim ersten Anbau sät man in Reihen von etwa 25 cm Abstand. Der Dill verlangt einen lockeren, aber nicht zu nährstoffreichen Boden. Moderne Sorten mit größerer Blattmasse (Tetradill) benötigen besser gedüngten Boden. Dabei ist jedoch Vorsicht geboten; Überdüngung führt zu Geschmacksverlusten. Mineraldünger sollte nicht benutzt werden, allenfalls setzt man die Pflanzen in zweijährigen Gartenkompost. Als Pflanze aus Vorderasien benötigt der Dill einen hellen Standort mit viel Sonne. Gegossen wird er nur mäßig; in nassen Böden neigt er zu Infektionen.

Pflegemaßnahmen: Dill neigt in manchen Gegenden und bei nassen Böden zu Blattlausbefall, insbesondere in trockeneren Jahren. Hier hilft eine Aussaat im Herbst oder eine Zwischenpflanzung von Lavendel (Lavandula angustifolia). Auf der anderen Seite wird Dill wegen seines Geruchs von Schnecken gemieden, man sät ihn deshalb gern zwischen Möhren aus, die dann besser keimen.

Zeitplan: Gesät wird im November oder März/Anfang April. Das frische Kraut wird geerntet, sobald die Pflanzen genug entwickelt sind, etwa Mai-Juni. Für das Einlegen oder für Kräuteressig benutzt man die ganzen Pflanzen kurz vor der Fruchtreife, etwa ab Mitte Juli bis August.

Anbau im Topf oder auf dem Balkon: Nahezu problemlos, allerdings darf die Erde nicht zu gut sein (bei gekaufter Erde etwa ein Drittel Sand untermischen). Beim Gießen ist ebenfalls Vorsicht geboten.
Für Dill wird – speziell für die Kultur auf dem Balkon oder am Küchenfenster – oft empfohlen, Folgesaaten anzulegen. Dies gilt jedoch nur mit Einschränkungen. Dill ist eine ausgesprochene Langtagspflanze und fängt während des Sommers sofort an zu blühen; spätere Aussaaten gedeihen jedoch gut.

Ernte und Aufbewahrung: Blätter und junge Sprosse verwendet man am besten frisch. Sehr gut hält sich der Geschmack auch bei tiefgefrorenem, gebrauchsfertig kleingeschnittenem Kraut. Auch getrocknet läßt sich Dill aufbewahren.

Verwendung: Der Dill ist eines der »klassischen« Gewürzkräuter, er eignet sich für Salate aller Art sowie für Fleisch und – besonders – gekochten Fisch.
Ebenso ist der Dill ein unverzichtbares Gewürz beim Einlegen von Gurken – deshalb wird er in vielen Gegenden als »Gurkendill« bezeichnet – und bei der Zubereitung des Kräuteressigs. Für beide Zwecke benutzt man die gesamte Pflanze einschließlich der Fruchtstände.

Gesundheit: Eine ausgesprochene Heilwirkung kann dem Dill kaum zugesprochen werden, obgleich er häufig gegen Appetitlosigkeit oder zur Durchblutungsförderung empfohlen wird. Tee aus Dillsamen ist harntreibend.

DILL **(Anethum graveolens)**

ESTRAGON

Wissenschaftlicher Name: Artemisia dracunculus (Asteraceae – Korbblütler).

Bedeutung des Namens: Sowohl der deutsche wie der wissenschaftliche Name beziehen sich wohl auf die Herkunft und sind von arabisch Tarchún abgeleitet.

Beschreibung: Ausdauernde Staude, die im Frühjahr aus dem Wurzelstock mehrere Stengel treibt, an denen die bis 4 cm langen lanzettlichen Blätter stehen. Die Sprosse werden bis zu 1 m hoch und verholzen an der Basis. Sie verzweigen sich stark; oberwärts tragen sie die sich im Juli/August öffnenden unscheinbaren Blüten, die jedoch meist keine Früchte ausbilden.

Der Geschmack ist herb-aromatisch.

Herkunft: Die Pflanze kommt wild in den südrussischen, sibirischen und nordamerikanischen Trokkengebieten vor. Sie wächst dort in der Nähe der Flüsse. Zu uns ist die Pflanze als Gewürzkraut wohl im 16. Jahrhundert gekommen.

Anbau: Estragon verlangt einen sonnigen Platz; der Boden sollte gut, aber keinesfalls frisch gedüngt sein. Gibt man alle zwei Jahre nach dem Einziehen Kompost auf das Kräuterbeet, reicht dies für den Estragon. Gegossen wird nur mäßig. Wegen der bis 1 m hohen Stengel kann Estragon auch ins Staudenbeet gesetzt werden.

Möchte man sich Estragon für den Garten beschaffen, so sollte man ihn nicht aus Samen ziehen, denn nur die weniger aromatischen Formen – sogenannter »russischer Estragon« – bilden Samen. Besser ist es, sich vom Nachbarn einen Teil des sich ohnehin sehr schnell vermehrenden Stockes geben zu lassen. Werden die Stengel im Laufe des Sommers zu groß und setzen Blütenstände an, so bricht man sie aus und verwendet die neu austreibenden Sprosse.

Obwohl Estragon recht widerstandsfähig ist, kommt es vor, daß die Pflanze im Frühjahr ohne ersichtlichen Anlaß nicht mehr austreibt. In diesem Fall war der Standort ungünstig, man besorgt sich einen neuen Stock und setzt ihn an eine andere Stelle im Garten.

Pflegemaßnahmen: Nicht erforderlich.

Zeitplan: Sobald im April die jungen Triebe die Blätter gut ausgebildet haben, beginnt die Ernte, die bis zum Einziehen im Oktober dauert.

Anbau im Topf oder auf dem Balkon: Nicht sinnvoll.

Ernte und Aufbewahrung: Benutzt werden ausschließlich die Blätter und allenfalls die jungen, noch nicht verholzten Triebe. Estragon läßt sich kaum trocknen. Möchte man ihn aufbewahren, so friert man ihn ein, am besten gleich in der Mischung mit anderen Salatgewürzen wie Dill oder Schnittlauch. Darüber hinaus eignet er sich vorzüglich für Kräuteröl oder Kräuteressig, den man auch als reinen Estragonessig herstellen kann.

Verwendung: Aufgrund seines würzig-herben Geschmacks eignet sich Estragon frisch zu Salaten. Je nach persönlichem Geschmack kann mehr oder weniger zugesetzt werden. Manche mögen auch einen reinen Estragon-Salat. Die Zubereitung erfolgt wie bei grünem Salat.
Estragon ist außerdem ein fester Bestandteil aller Gewürzmischungen für eingelegte Gurken, mixed pickles oder ähnliches. Hierzu gibt man das frische Kraut und kocht wie üblich ein.

Gesundheit: Estragon hat keinerlei Bedeutung als Heilmittel.

ESTRAGON
(Artemisia dracunculus)

FENCHEL

Wissenschaftlicher Name: FOENICULUM VULGARE (Apiaceae/Umbelliferae – Doldenblütler).

Bedeutung des Namens: Fenchel ist von der lateinischen Bezeichnung »foeniculum« abgeleitet.

Beschreibung: Großer Doldenblütler mit sehr fein geschlitzten, etwas schlaffen Blättern, die bis zu 30 cm lang werden. Blühende Pflanzen werden bis zu 2 m hoch; die Dolden erreichen dann einen Durchmesser bis zu 25 cm. Die Blüten sind gelblich, aus ihnen entwickeln sich die Früchte: Spaltnüsse bis 8 mm Länge.

Fenchel wird häufig als Salat gezogen. Man verzehrt dann die verdickten Blattscheiden der Grundblätter, die die sogenannte »Fenchelknolle« bilden. Bei der im Handel angebotenen Sorte azorica sind diese Fenchelknollen hell (wie gebleicht).

Geschmack: Würzig aromatisch, dabei süßlich.

Herkunft: Unklar – die Pflanze wird seit dem Altertum im Mittelmeerraum angebaut und ist dort überall verwildert.

Anbau: Fenchel wird im zeitigen Frühjahr gesät oder vorgezogen und dann ausgepflanzt. Wegen der Größe der Pflanzen hält man einen Abstand von 35 x 35 cm ein. Der Boden muß tiefgründig, nährstoffreich und kalkhaltig sein. Das Lichtbedürfnis ist hoch, im Schatten gedeiht Fenchel nicht. Der Wasserbedarf ist ebenfalls groß, allerdings sollten die Pflanzen nicht naß stehen.

Pflegemaßnahmen: Regelmäßig jäten.

Zeitplan: Ansaat im Frühjahr und Umsetzen oder Auspflanzen im Juni/Juli. Die Ernte für Salat/Gemüse kann dann im Juli oder August erfolgen, sobald die Pflanzen genug entwickelt sind. Die Samen erntet man September/Oktober.

Anbau im Topf oder auf dem Balkon: Nicht sinnvoll.

Ernte und Aufbewahrung: Samen: Nach dem Abblühen, möglichst vor der Fruchtreife, werden die Dolden geschnitten und zum Trocknen in Säckchen aufgehängt. Die Früchte fallen dann aus oder werden ausgedroschen, in Säckchen gesammelt und trocken aufbewahrt.

Fenchelknollen: Bei genügender Entwicklung schneidet man sie direkt über der Wurzel ab. Die Blätter werden entfernt und die Knollen frisch zu Salaten oder Gemüsen verarbeitet. Das abgeschnittene Kraut läßt sich ebenfalls frisch verwenden oder einfrieren.

Verwendung: Samen: Zum Einlegen ähnlich Kümmel; außerdem als blähungshemmender und magenstärkender Tee, sowie zur Likörzubereitung.

Kraut und Knolle: als Salat oder Salatbeigabe, ebenso zu Saucen; die Knollen auch als Gemüse.

Gesundheit: Fenchel ist magenstärkend, verdauungsfördernd und gleichzeitig blähungshemmend. Säuglingen gibt man deshalb gern Fencheltee gegen Blähungen. Beliebt ist er auch als krampflösendes Hausmittel.

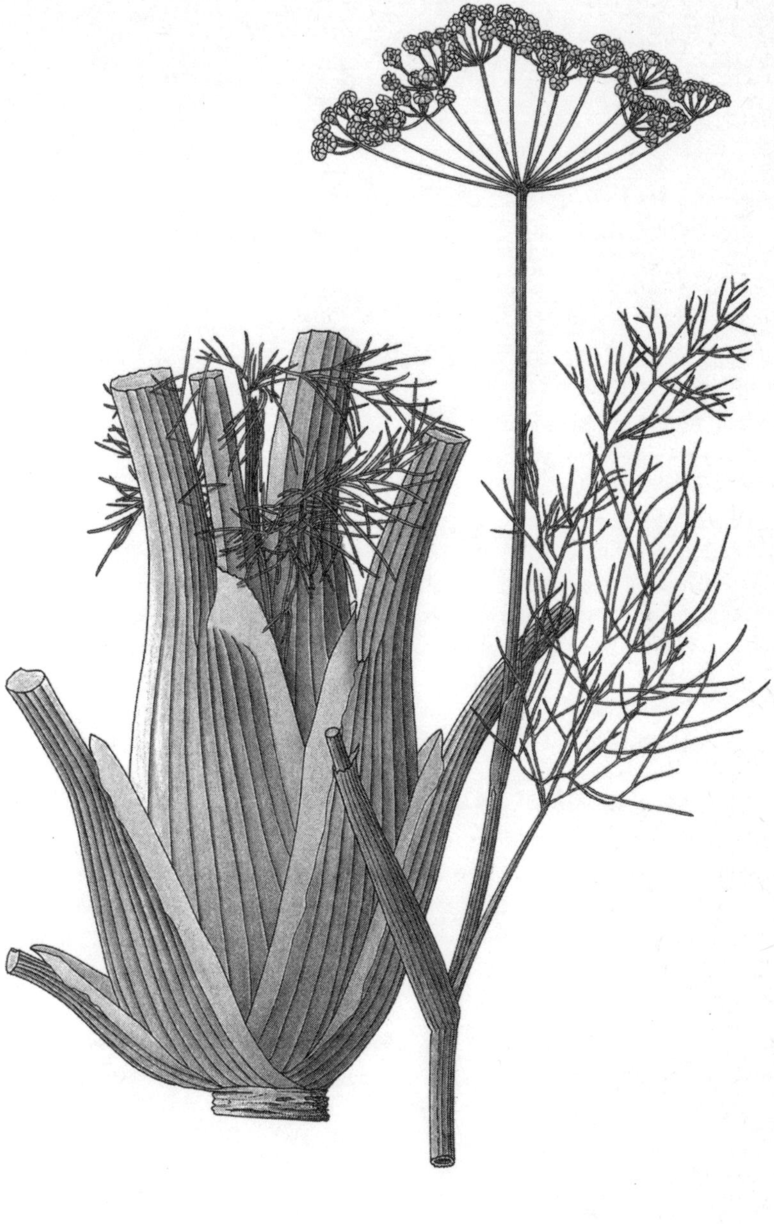

FENCHEL **(Foeniculum vulgare)**

KAMILLE Echte Kamille

Wissenschaftlicher Name: MATRICARIA CHAMOMILLA (Asteraceae – Korbblütler).

Bedeutung des Namens: Der deutsche Name leitet sich von chamomilla (lateinisch = Kamille) ab; dieser Ausdruck geht auf »chamaemelon« (griechisch = kleiner Apfel, wegen der Gestalt) zurück.

Beschreibung: Einjährige Pflanze, bis zu 70 cm hoch, verzweigt und hellgrün. Die Blätter sind mehrfach in einzelne schmale Teile gefiedert; die Gesamtlänge erreicht 8 cm. Die Blüten stehen endständig an den Verzweigungen in charakteristischen Köpfchen beisammen. Diese Blütenköpfe erreichen bis 24 mm Durchmesser, dabei entfallen etwa 8 mm auf das Köpfchen und der Rest auf die weißen Strahlenblüten. Das hohle Blüten-Köpfchen ist ein wichtiges Merkmal zur Unterscheidung von anderen Kamille-Arten. Die Wurzel ist dünn und spindelig.
Der Geschmack ist fruchtig aromatisch, besonders in den Blütenköpfchen. Der Geruch ist ähnlich, aber recht durchdringend.

Herkunft: Die Kamille stammt aus Asien, von wo aus sie mit dem Getreideanbau als Unkraut nach Mitteleuropa gelangte. Früher wurde sie deshalb ausschließlich in Getreideäckern gesammelt.

Anbau: Man zieht die Kamille im Garten stets aus Samen, die man im Frühjahr (März, April) einsät. Die Kamille verlangt einen nährstoffreichen, lehmigen Boden, der etwas sandig, aber nicht zu kalkreich sein darf. Sie mag es hell oder halbschattig. Erhält sie zuwenig Sonne, werden kaum Blüten gebildet. Ihr Wasserbedarf ist nur gering, Gießen ist praktisch nicht nötig.

Pflegemaßnahmen: Die Blütenköpfe müssen rechtzeitig geerntet werden, damit sich die Kamille nicht im Garten aussamt, wo sie leicht zum lästigen Unkraut wird.

Zeitplan: Aussaat im März/April. Ernte im Juni. Erntet man die Blütenköpfe rechtzeitig, werden kräftige Pflanzen zu einer weiteren Blüte angeregt.

Anbau im Topf oder auf dem Balkon: Bei guten Lichtverhältnissen möglich, aber kaum lohnend; getrocknete Kamillenblüten aus der Apotheke sind dann billiger.

Ernte und Aufbewahrung: Die Blütenköpfe werden abgezupft und getrocknet. Dies sollte schnell geschehen, man erntet deshalb möglichst bei schönem Wetter und trocknet sofort. Notfalls hilft man mit dem bis zu 45° C angeheizten Backofen nach.

Verwendung: In der Küche verwendet man Kamille frisch oder getrocknet als Kräutertee, wobei man Melisse, Pfefferminze oder Hibiskusblüten beimischt.
Waschen mit Kamillentee nimmt Fleisch einen eventuell vorhandenen unangenehmen Geruch.

Gesundheit: Kamille hilft gegen zahlreiche Beschwerden; die in ihr enthaltenen Azulene dienen als wirkungsvolle Arznei: Als Tee bei Rachen-, Magen- und Darmbeschwerden. Äußerlich als Kompresse zur Hautpflege und gegen entzündete Verletzungen. Dampfbäder helfen bei Erkältungen, Rachen- und Nasenentzündungen. Als Badezusatz dient sie zur Hautpflege.

KAMILLE
(Matricaria chamomilla)

KAPUZINERKRESSE

Wissenschaftlicher Name: Tropaeolum maius (Tropaeolaceae – Kapuzinerkressengewächse).

Bedeutung des Namens: »Kresse« wegen des kresseähnlichen Geschmacks.

Beschreibung: Ausdauernde Pflanze, die bei uns wegen ihrer Frostempfindlichkeit allerdings nur einjährig gezogen wird. Der Sproß ist dünn, kriechend; er kann bis zu 5 m lang werden. Die Blätter sind kreisrund mit 5 bis 8 cm Durchmesser und schildförmig gestielt; der Blattstiel trägt das Blatt wie einen Schild, er ist nicht nur eine einfache Verlängerung der Hauptader. Der Blattstiel ist zudem gekrümmt, um die windend wachsende Pflanze festzuhalten. Die Blüten erreichen 5 cm im Durchmesser; sie sind rot, orange oder gelb und auffällig gespornt. Der Geschmack der Blätter ist frisch und kresseartig; ähnlich wie bei der Kresse wird durch das Enzym Myosin Senföl als Geschmacksstoff freigesetzt.

Herkunft: Die Gattung Tropaeolum ist auf das nördliche Südamerika beschränkt; dort sind 50 Arten zu finden, darunter auch T. maius, das schon vor Columbus in Peru angebaut wurde. Außerhalb dieses Raumes nur in Kultur verbreitet, in manchen Gegenden wie im Mittelmeergebiet auch verwildert.

Anbau: Kapuzinerkresse wird im zeitigen Frühjahr im Zimmer angesät, da sie nicht überwintert werden kann. Nach den Maifrösten (»Eisheilige«) bringt man sie ins Freie. An den Boden stellt sie nur geringe Ansprüche. Sie verträgt Sonne gut, gedeiht aber auch im Halbschatten; dann allerdings bringt sie weniger Blüten. Wasser benötigt sie reichlich, in kleinen Gefäßen wie Balkonkästen und Blumentöpfen ist allerdings auf Vernässung zu achten.

Pflegemaßnahmen: Wegen der kriechend wachsenden Sprosse muß Tropaeolum entweder Platz zum Hängen – etwa an Fenstern oder Balkonbrüstungen – haben, oder aufgeleitet werden. Bei regelmäßiger Ernte kann man zurückschneiden, damit die Pflanze wieder austreibt.

Zeitplan: Gesät wird Ende Februar oder im März in Töpfe. Ausgepflanzt oder in größere Gefäße gesetzt wird ab Mitte Mai. Sobald die Pflanzen kräftig wachsen, können Blätter zum Verzehr entnommen werden.

Anbau im Topf oder auf dem Balkon: Sehr leicht möglich; die Kapuzinerkresse gedeiht in Blumentöpfen oder Balkonkästen problemlos. Hier läßt sich der Anbau vereinfachen, wenn man gleich in diese Gefäße einsät und nur bei Bedarf vereinzelt.

Ernte und Aufbewahrung: Die Blätter lassen sich nur frisch, allenfalls eingefroren verwenden; trocknen kann man sie nicht.

Verwendung: Geeignet zu Salaten, auch in Mischungen mit anderen Pflanzen wie Endivien, Chicorée, Kopf- oder Schnittsalat. Auch zur Herstellung von Kräuteressig wird sie benutzt. Die Knospen lassen sich wegen des hohen Senfölgehaltes sogar statt Kapern einlegen.

Gesundheit: Die Kapuzinerkresse hat einen hohen Vitamin-C-Gehalt und eignet sich hierdurch hervorragend als natürliche Quelle für dieses Vitamin. Früher wurde sie deshalb im Zimmer als Heilmittel gegen den Skorbut gezogen. Außerdem gilt sie als blutreinigend. In ihrer Heimat dient sie auch als kühlende und heilende Wundauflage.

KAPUZINERKRESSE
(Tropaeolum maius)

KERBEL

Wissenschaftlicher Name: Anthriscus cerefolium (Apiaceae – Doldenblütler) (Die Gartenform wird oft als ssp. cerefolium von der Wildform unterschieden).

Bedeutung des Namens: Die Bezeichnung »Kerbel« ist von der lateinischen Bezeichnung »cerefolium« abgeleitet.

Beschreibung: Doldenblütler mit etwa 15 cm langen, zwei- bis dreifach geteilten Blättern, deren Endfiedern breit bis rundlich sind. Die Blätter fühlen sich weich an, sie sind hellgrün. Die Sprossen sind verzweigt und tragen zahlreiche doldige Blütenstände, die oft auffallend weichhaarig sind.
Der Geschmack des Krautes, überwiegend der Blätter, ist süßlich-aromatisch und erinnert an Anis.

Herkunft: In Südeuropa einschließlich des südlichen Mitteleuropa einheimisch; in Süddeutschland in der Unterart trichosperma als Wildpflanze vertreten.

Anbau: Kerbel wird im Frühjahr (März) in Reihen mit 30 cm Abstand gesät, bei großem Bedarf empfehlen sich Folgesaaten im Abstand von 3 Wochen. Die Pflanze verlangt einen guten lockeren Boden, der allerdings nicht zu nährstoffreich oder gar frisch gedüngt sein darf. Der Standort muß hell und sonnig sein. Gute Bewässerung ist erforderlich, naß darf dieses Kraut aber nicht stehen.

Pflegemaßnahmen: Kerbel bedarf keiner besonderen Maßnahmen; in trockenen Jahren neigen die Sprosse jedoch zu Blattlausbefall. Durch frühzeitige Ernte läßt sich dem leicht vorbeugen.

Zeitplan: Gesät wird ab Ende März, eventuell in Folgesaaten; Ernte des frischen Krautes etwa Mai, Juni. Die Früchte sind ab Juli erntereif (für die Aussaat im folgenden Jahr oder auch als Tee).

Anbau im Topf oder auf dem Balkon: In Blumenkästen oder -töpfen gedeiht die Pflanze problemlos. Man benötigt jedoch für manche Salate oder für eine Kerbelsuppe größere Mengen als von anderen Kräutern. Dies macht den Anbau auf dem Balkon unwirtschaftlich.

Ernte und Aufbewahrung: Kerbel wird nur als frisches Kraut verwendet; man schneidet die Pflanzen über dem Boden ab. Aufbewahren läßt er sich ohne Qualitätsverlust nur eingefroren. Zum Trocknen ist er nicht geeignet.

Verwendung: Frisch benutzt man Kerbel (Blätter und junge Triebe) zu Salaten, wobei man je nach Geschmack auch einen größeren Anteil zusetzt. Bekannt ist auch die Kerbelsuppe, der er den süßlich-aromatischen Geschmack verleiht. Wer seinen Geschmack zu aufdringlich findet, gibt noch andere Kräuter zu und erhält dann eine typische Kräutersuppe.

Gesundheit: Als frisches Kraut trägt Kerbel besonders zu einer guten Vitaminversorgung bei, denn er enthält viel Vitamin C; dazu wirkt er schwach harntreibend. Als Tee aus getrocknetem Kraut und – vor allem – aus Früchten gilt er als harntreibendes und blutreinigendes Hausmittel.

KERBEL
(Anthriscus cerefolium)

KNOBLAUCH

Wissenschaftlicher Name: ALLIUM SATIVUM (Liliaceae – Liliengewächse).

Bedeutung des Namens: »Gespaltener Lauch« – wegen der in Zehen zerfallenden Zwiebel.

Beschreibung: Die – meistens benutzte – Zwiebel ist weißhäutig, erreicht 7 cm im Durchmesser und ist in mehrere Tochterzwiebeln, »Zehen«, aufgespalten. Die Blätter sind längsnervig, breit-lanzettlich, bei einzelnen Sorten bis 12 mm breit und bis 25 cm lang. Der Sproß ist bis zum Blütenstand beblättert. Dieser ist wenigblütig und bildet bei vielen Sorten statt der Blüten Brutzwiebeln.
Der Geschmack ist durchdringend scharf mit dem Geruch von Senfölen (organischen Schwefelverbindungen), die nach dem Genuß durch die Haut ausgeschieden werden.

Herkunft: Orient, wohl Ostindien. Angebaut wurde er schon im Alten Ägypten und in den frühen Kulturen in Kleinasien.

Anbau: Man setzt einzelne Zehen oder Brutzwiebeln ein; Seitenabstand etwa 10 cm, Abstand zwischen den Reihen 25 cm. Der Boden soll gut und locker, aber nicht frisch gedüngt sein; am besten versorgt man die Beete im Herbst zuvor mit Kompost. Der Standort muß warm und sonnig sein. Der Wasserbedarf ist mäßig: Knoblauch mag ein trockenes Klima und dabei einen feuchten Boden.

Pflegemaßnahmen: Nicht erforderlich.

Zeitplan: Die Zehen werden im März eingesetzt, die Ernte erfolgt nach dem Einziehen der Pflanzen im September.

Anbau im Topf oder auf dem Balkon: Nicht lohnend und wegen des Geruches der Pflanzen auch nicht empfehlenswert.

Ernte und Aufbewahrung: Die Zwiebeln werden ausgezogen, gesäubert, gebündelt und zum Trocknen aufgehängt. Man entnimmt dann die benötigte Menge direkt von diesen Bündeln.

Verwendung: Knoblauch findet Verwendung zu (fetten) Fleischspeisen, Saucen, Gewürztunken und zu Mayonnaisen; er wird sehr fein geschnitten, zerdrückt oder gerieben.

Gesundheit: Knoblauch wirkt verdauungsfördernd, blutreinigend, beruhigend und gegen Schlafstörungen. Bei regelmäßigem Gebrauch ist er ein erprobtes Geriatrikum (Mittel gegen Alterserscheinungen), da er auch die Durchblutung anregt. Außerdem ist eine Wirkung gegen Pilze, gegen Eingeweidewürmer und gegen Darmkrankheiten beim Menschen nachgewiesen. Wegen dieser zahlreichen Wirkungen schätzte man den Knoblauch bereits im alten Rom sehr – wo man ihn auch als Mittel gegen Hexen und Zauberei einsetzte.

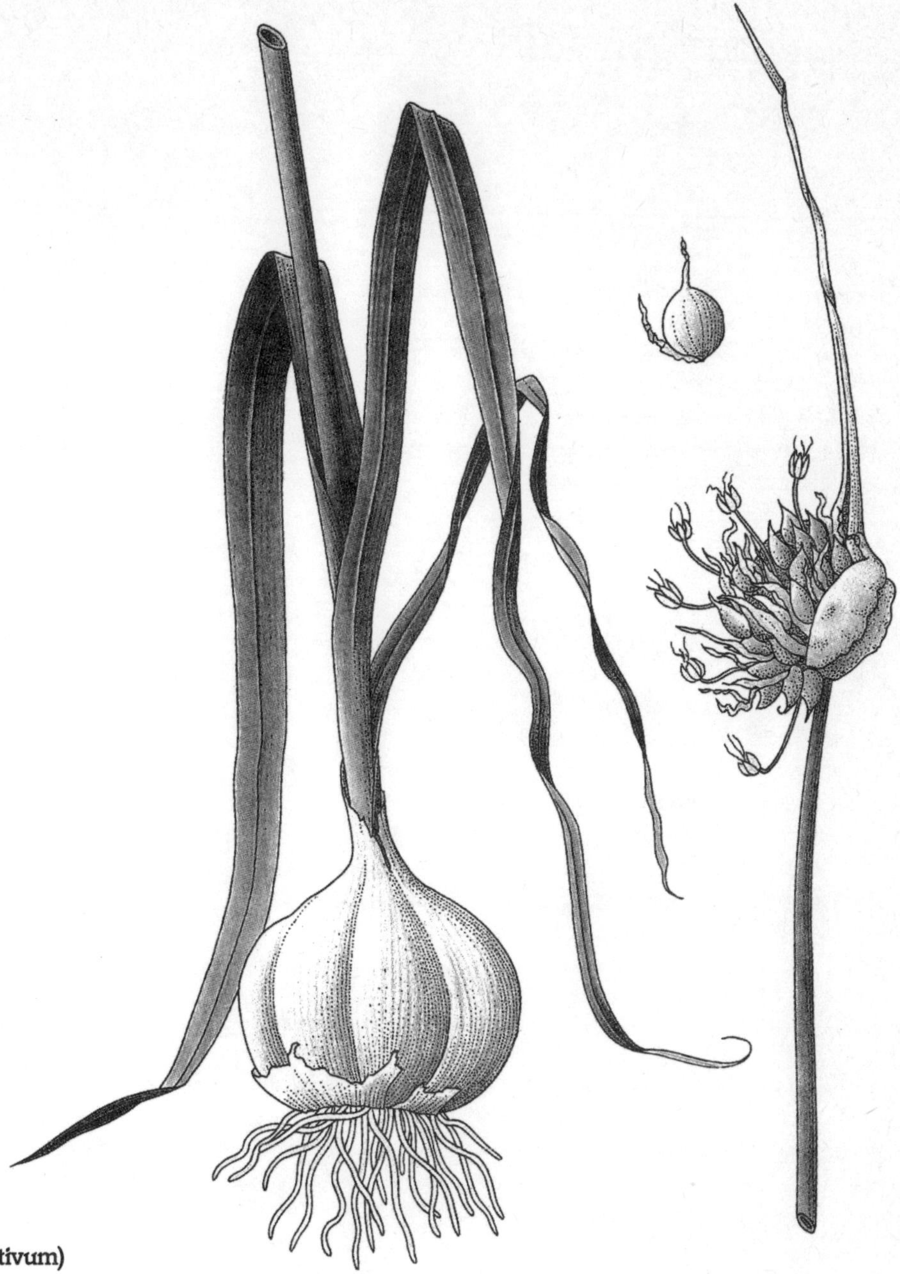

KNOBLAUCH (**Allium sativum**)

KORIANDER

Wissenschaftlicher Name: Coriandrum sativum (Apiaceae/Umbelliferae – Doldenblütler).

Bedeutung des Namens: Er ist aus dem lateinischen »coriandrum« entstanden. Dieser Ausdruck geht auf griechisch »kóris« (Wanze) zurück: Das frische Kraut und vor allem die unreifen Früchte riechen nach Wanzen. Daher kommt auch die deutsche Bezeichnung »Wanzendill«.

Beschreibung: Einjährige krautige Pflanze mit bis zu 60 cm hohen, oberwärts verzweigten Sprossen. Diese sind kahl und fein längsrillig. Die Wurzel ist dünn und etwas spindelig. Die Blätter werden bis zu 12 cm lang; sie sind am Grunde gestielt und häufig ungeteilt oder eingeschnitten; oberwärts sind sie bis dreifach fiederschnittig geteilt und mit deutlicher Blattscheide sitzend. Die Blüten sind klein und weiß. Sie stehen in Dolden, die bis zu 7 cm im Durchmesser groß werden. Die rundlichen Früchte erreichen bis 5 cm im Durchmesser; nach dem Trocknen zeigen sie 8 deutliche Längsrippen.
Der Geschmack ist zunächst etwas süßlich, dann ziemlich scharf.

Herkunft: Der Koriander stammt wohl aus dem östlichen Mittelmeergebiet. Seine genaue Heimat ist jedoch unbekannt, da er seit dem Altertum nur angebaut wird und als Kulturbegleiter bekannt ist.

Anbau: Man sät im März oder Anfang April in guten, nährstoffreichen Boden in Reihen von 25 cm Abstand. Der Standort muß hell und sonnig sein; in ungünstigen Lagen – ebenso wie in kühlfeuchten Sommern – kommt der Koriander nicht zur Fruchtreife. Während der Entwicklung wird der Boden gut feucht gehalten, später gießt man nur bei längeren Trockenperioden.

Pflegemaßnahmen: Keine.

Zeitplan: Man sät im März bis Anfang April aus. Die Ernte ist im Herbst kurz vor der Fruchtreife; der Zeitpunkt richtet sich nach den Witterungsbedingungen.

Anbau im Topf oder auf dem Balkon: Möglich, jedoch wegen des unsicheren Ertrages kaum lohnend.

Ernte und Aufbewahrung: Man erntet das Kraut und hängt es im Beutel auf, bis die Früchte reif und gut getrocknet sind. Sie werden kühl und trocken aufbewahrt.

Verwendung: Koriander verwendet man zu pikanten Tunken, besonders zu Fisch. Er ist auch im Curry enthalten. Mit ganzen Früchten wird Brot gewürzt.

Gesundheit: Bereits seit dem Altertum als magenstärkendes und blähungshemmendes Mittel bekannt. Deshalb benutzt man Koriander heute noch häufig zu Magenlikören oder Magenbitter. Mit Koriander gewürztes Brot wird auch von Personen mit empfindlichem Magen gut vertragen, selbst wenn es noch frisch ist.

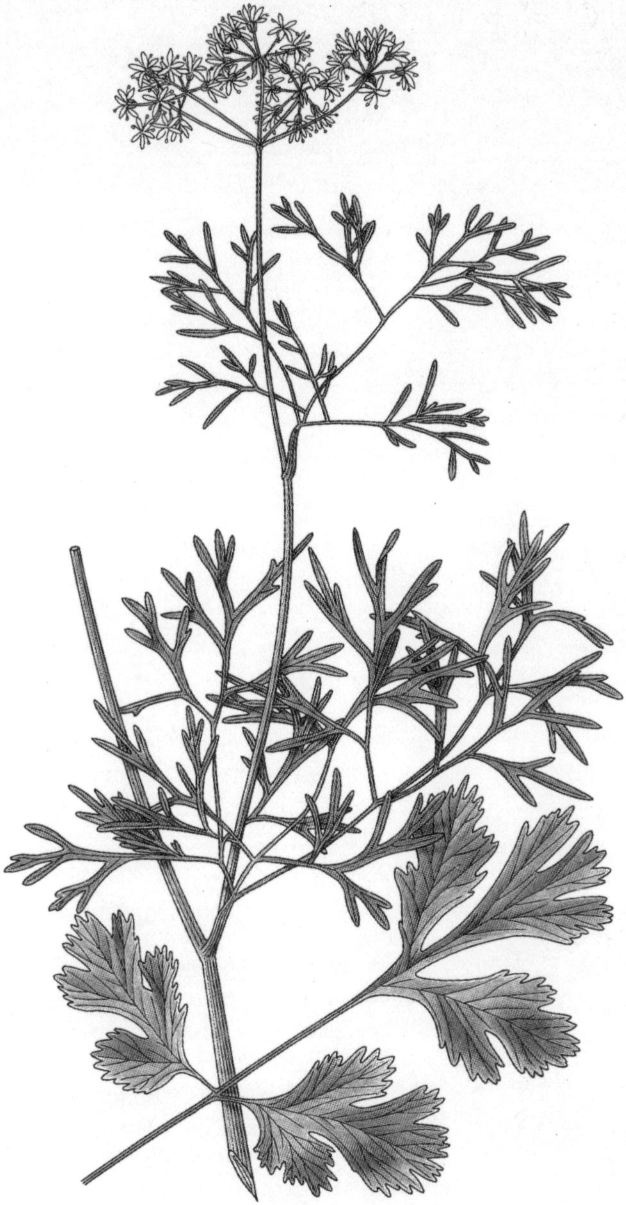

KORIANDER
(Coriandrum sativum)

KRESSE Gartenkresse

Wissenschaftlicher Name: LEPIDIUM SATIVUM (Brassicaceae – Kreuzblütler).

Bedeutung des Namens: Der Ursprung der Bezeichnung Kresse ist unbekannt.

Beschreibung: Einjähriges Kraut mit zunächst kleinen und einfachen Blättern, später werden dann buchtig-fiederspaltige Blätter ausgebildet, die bis zu 15 cm Länge erreichen. Die Sprosse sind oberwärts verzweigt und tragen an ihren Rispen kleine weiße, bis 4–5 mm erreichende Blüten. Die Früchte sind kleine runde Schoten (bis 6 mm im Durchmesser).

Herkunft: Alte Kulturpflanze aus dem östlichen Mittelmeergebiet.

Anbau: Kresse kann jederzeit gesät werden; am besten in breitwürfiger Streusaat, da man sie so jung erntet, daß dazwischen kaum Unkräuter auftreten. Ihre Licht- und Bodenansprüche sind gering. Die Samen lassen sich schon auf einfachem, feuchtem Sand zur Keimung bringen. Wasser benötigt sie zum Keimen reichlich (s. u.).

Pflegemaßnahmen: Keine.

Zeitplan: Kresse kann vom zeitigsten Frühjahr bis in den Herbst hinein jederzeit gesät werden. Geerntet wird sie dann jeweils nach entsprechender Entwicklung. Am Küchenfenster zieht man sie ganzjährig.

Anbau im Topf oder auf dem Balkon: Sehr gut möglich. Kresse ist die klassische »Küchenfenster-Kultur«. Sie gedeiht auch noch bei mäßigen Lichtverhältnissen. Ebenso entwickelt sie sich ohne Erde oder Substrat bis zur Erntereife. So genügt feuchter Sand, feuchtes Filterpapier oder Watte, um die Samen anzukeimen. Wichtig ist nur, daß sie von der Keimung bis zur Entwicklung nicht eintrocknen.

Ernte und Aufbewahrung: Die Pflanzen werden geerntet, sobald ihre Keimblätter gut entwickelt und grün ausgefärbt sind und die zwischen ihnen liegende Knospe anfängt zu wachsen. Die Pflänzchen werden dann abgeschnitten und verwendet. Wenn man sie mitsamt der Wurzel aus einem »sauberen« Substrat auszieht, kann man diese auch verzehren. Kresse wird nur frisch verwendet, aufbewahren läßt sie sich schlecht. Wegen der einfachen Anzucht auch im Winter ist dies nicht nötig. Möchte man eine reichliche Ernte aus dem Sommer aufbewahren, mischt man sie gebrauchsfertig mit anderen Salatgewürzen und friert diese Mischung ein.

Verwendung: Kresse wird frisch zu Salaten aller Art und zur Garnierung von Fleisch- oder Fischplatten verwendet. Gut schmeckt sie auch an Quark oder Käse.

Gesundheit: Appetitanregend und verdauungsfördernd wie die meisten Kreuzblütler (Senf oder Meerrettich). Außerdem wird frischer Kresse eine blutreinigende Wirkung zugeschrieben.

KRESSE **(Lepidium sativum)**

KÜMMEL

Wissenschaftlicher Name: Carum carvi (Apiaceae – Doldenblütler).

Bedeutung des Namens: Der Ausdruck »Kümmel« leitet sich von dem lateinischen Namen der Pflanze »cuminum« ab; der hebräische Ausdruck ist »kammon«.

Beschreibung: Doldenblütler mit doppelt fiederschnittigen Blättern. Die Fiederchen sind möhrenähnlich mit einer kleinen Spitze. Die Blattscheiden laufen mit blattartig gefiederten Abschnitten aus. Die Pflanze bildet eine Rosette; im zweiten Jahr treibt sie verzweigte Sprosse, die mit weißen bis rötlichen Blütendolden abschließen. Die braunen und längsrilligen Früchte werden als Gewürz genutzt.
Die kräftige Wurzel ist rübenähnlich; bei Kultursorten ist sie zuweilen so weich, daß sie als Gemüse gegessen wird.
Die Früchte (der »Kümmel«) enthalten aromatische Öle, die ihren streng aromatischen Geschmack verursachen.

Herkunft: Der Kümmel ist als »Wiesenkümmel« bei uns heimisch, er wächst auf Wiesen bis in die Mittellagen der Gebirge.

Anbau: Der Kümmel mag es hell; Halbschatten und Beschattung für einige Stunden des Tages werden ertragen. Als Wiesenpflanze benötigt der Kümmel genügend Wasser; er erträgt auch gelegentliches kräftiges Gießen, ständig naß mag er es jedoch nicht.

Pflegemaßnahmen: Keine.

Zeitplan: Kümmel wird in Reihen mit etwa 25 cm Abstand gesät, am besten im zeitigen Frühjahr (März). Der Boden sollte gut, aber nicht frisch gedüngt sein; am günstigsten ist abgelagerter Gartenkompost. Tierischer Dünger ist bereits im Vorjahr einzubringen. Die Vermehrung erfolgt ausschließlich durch die im zweiten Jahr gebildeten Früchte, die etwa im Juni reifen.

Anbau im Topf oder auf dem Balkon: Wegen der langen Pfahlwurzel verlangt der Kümmel sehr hohe Gefäße. Auch die Überwinterung ist schwierig, so daß der Anbau nicht zu empfehlen ist.

Ernte und Aufbewahrung: Geerntet werden die Früchte bei der Reife. Über die Fruchtstände werden kurz vor der Reife Tüten gegen das Ausfallen gestülpt. Dies schützt vor Verlusten und verhindert gleichzeitig, daß sich der Kümmel als Unkraut im Garten ausbreitet. Die Tüten müssen luft- und feuchtigkeitsdurchlässig sein, damit die Reifung normal erfolgt.

Verwendung: Kümmel verwendet man zu Speisen, die Verdauungsstörungen hervorrufen könnten, wie Brot oder Sauerkraut. Außerdem für Fleisch, Kartoffeln, Weißkohl, Salzgebäck und Liköre.

Gesundheit: Wegen seiner magenstärkenden und verdauungsfördernden Wirkung wird gern zur Vorbeugung oder zur Behandlung von Verdauungsstörungen mit Kümmel gewürzt. Auch ein Kümmelschnaps nach dem Essen wird deshalb gern genommen. Tee aus Kümmelfrüchten hilft auch gegen Blähungen und Krämpfe.

KÜMMEL **(Carum carvi)**

LAVENDEL Schopflavendel

Wissenschaftlicher Name: LAVANDULA STOECHAS (Lamiaceae – Lippenblütler).

Bedeutung des Namens: Die deutsche Bezeichnung ist von der lateinischen abgeleitet.

Beschreibung: Ausdauernder Halbstrauch, der bis 60 cm Höhe erreicht und stark verzweigt ist. Die Blätter sind gegenständig, schmal, 2–4 cm lang und stark filzig-grau behaart. Die hell-blauvioletten Blüten stehen in endständigen Quirlen, die zu schopfartigen Köpfchen vereinigt sind. Als Früchte werden Spaltnüßchen gebildet, die aber meist im Kelch versteckt bleiben. Lavendel wird häufig im Ziergarten angebaut; früher diente er gleichzeitig als Bienenfutter. Mit seinem intensiven Geruch vertreibt er Ameisen. Der Geschmack ist würzig herb bis bitter und sehr intensiv.

Herkunft: Mittelmeergebiet; dort wird er seit altersher angebaut.

Anbau: Lavendel kann aus Samen gezogen werden. Es wird jedoch empfohlen, einen vorgezogenen Stock zu kaufen. Der Boden muß locker, die Nährstoffversorgung gut, aber nicht zu üppig sein. Wasser benötigt Lavendel ebenfalls nur wenig, dagegen ist er sehr lichtbedürftig: Er verlangt einen warmen und sonnigen Platz.

Pflegemaßnahmen: Lavendel ist nur mäßig frosthart. In strengen Wintern geht er ein oder friert so stark zurück, daß man ihn nicht mehr nutzen kann. Deshalb sollte man ihn möglichst frostfrei, etwa im Keller, überwintern oder zumindest im Herbst mit Reisig und Folie gut abdecken.

Zeitplan: Nach der Ansaat wartet man zwei Jahre, nach dem Kauf eines Stockes ein Jahr, dann erntet man das Kraut jeweils vor der Blüte, das heißt im Mai/Juni.

Anbau im Topf oder auf dem Balkon: Gut möglich, sofern man den Stock nicht zu groß werden läßt und man im Sommer einen sonnigen Standort (Südbalkon) hat. Die Überwinterung im Zimmer ist dann einfacher als im Freiland.

Ernte und Aufbewahrung: Junge Zweige werden vor der Blüte geschnitten, gebündelt und getrocknet. Die Blätter werden abgerebbelt.

Verwendung: Fischgerichte, Kräutersaucen und Suppen; auch für Eintöpfe ist er geeignet. Verwendet wird Lavendel stets getrocknet und nur mäßig, sonst wird der Geschmack zu intensiv.

Gesundheit: Lavendel (auch die Blüte) ist ein altes Mittel gegen Krämpfe und Asthma; es wirkt entspannend. Als Badezusatz (2 Hände voll auf ein Vollbad) wirkt er gegen vegetative Dystonie. Lavendeltee wird auch als Beruhigungsmittel und bei Schlafstörungen angewendet. Im Kräuterkissen ist er ebenfalls enthalten.

LAVENDEL **(Lavandula stoechas)**

LIEBSTÖCKEL Maggikraut

Wissenschaftlicher Name: Levisticum officinale (Apiaceae – Doldenblütler).

Bedeutung des Namens: Die deutsche Bezeichnung ist wohl von der lateinischen »levisticum« abgeleitet.

Beschreibung: Sehr großer, dekorativer Doldenblütler, der bis zu 2 m hoch wird. Die Sprosse sind glatt, hohl und tragen die großen, bis 70 cm langen und mehrfach geteilten Blätter. Die einzelnen Fiederblättchen sind unregelmäßig rautenförmig, bis 4 cm lang und dunkelgrün, glänzend. Der Blütenstand erreicht 12 cm im Durchmesser, die Blüten sind gelblich. Alle Teile der Pflanzen haben einen intensiven Geruch nach Sellerie. Beim Schnitt oder nach Zerreiben wird der Geruch maggiartig. Ebenso ist der Geschmack maggiartig-würzig und sehr intensiv.

Herkunft: Liebstöckel ist eine alte Kulturpflanze; die Wildform ist nicht mit Sicherheit bekannt.

Anbau: Ansaat ist möglich, aber umständlich. Man sollte versuchen, von einem Nachbarn, der einen zu großen Stock teilt, einen Teil zu bekommen; oder man kauft eine Jungpflanze. Liebstöckel setzt man in einen tiefgründigen Boden mit hohem Nährstoffgehalt. Die Pflanze soll isoliert, also nicht mit anderen Gewürzkräutern zusammen stehen. Der Lichtbedarf ist hoch, der Wasserbedarf verhältnismäßig gering.

Pflegemaßnahmen: Nach der Blüte, die man als Bienenfutter stehen läßt, schneidet man die langen Triebe ab. Zeigt sich vor oder während der Blüte Blattlausbefall, kappt man die Stengel vorher. Zu große Stauden teilt man.

Zeitplan: Nach dem Einsetzen (Frühjahr oder Herbst) läßt man der Pflanze während einer Vegetationsperiode Ruhe zur Entwicklung und zum Einwurzeln. Dann erntet man die grünen Blätter bei Bedarf von April bis September. Die Haupternte schneidet man vor der Blüte, etwa Ende Mai.

Anbau im Topf oder auf dem Balkon: Kommt wegen der Größe und des durchdringenden Geruches nicht in Frage.

Ernte und Aufbewahrung: Von April bis September erntet man die frischen Blätter. Zur Aufbewahrung schneidet man größere Mengen vor der Blüte (etwa Ende Mai). Liebstöckel wird entweder getrocknet, in fertigen Kräutermischungen eingefroren oder eingesalzen. Wegen des intensiven Geschmacks schadet ein Verlust durch Trocknen oder Einsalzen nicht.

Verwendung: Frisch zu Braten, Eintöpfen, Kräutersuppen oder -saucen; dabei werden die Blätter mitgekocht. Frisch zu Salaten wird er in geringen Mengen ebenfalls gegessen, ist aber nicht nach jedermanns Geschmack.

Gesundheit: Hierzu gibt es nur wenige Angaben; Liebstöckel gilt als harntreibend, als Aphrodisiacum und als wohltuender Zusatz zum Badewasser.

LIEBSTÖCKEL
(Levisticum officinale)

MAJORAN

Wissenschaftlicher Name: MAJORANA HORTENSIS (Lamiaceae – Lippenblütler).

Bedeutung des Namens: Er geht auf die mittelalterliche Bezeichnung »meiram« zurück.

Beschreibung: Einjähriges Kraut mit bis 25 cm hohen, verzweigten und behaarten Sprossen. Die Blätter stehen gegenständig. Sie sind rundlich bis spatelförmig, wie die Sprosse behaart, hell bis graugrün. An den Sproßspitzen finden sich kugelig angeordnet die Blüten in Köpfchen, die von ungestielten (Hoch-)Blättern umgeben sind.
Der Geschmack ist würzig, wärmend, mild und sehr aromatisch. Der Majoran gilt vielerorts als »die Königin der Gewürze«.

Herkunft: Er stammt aus dem östlichen Mittelmeergebiet, ist durch die Kultur weit ausgebreitet, bei uns jedoch wegen seiner Frostempfindlichkeit nicht verwildert.

Anbau: Majoran wird ausgesät, entweder ab März zur Vorkultur in Gefäße oder ab Mitte Mai nach den Spätfrösten in Reihen mit etwa 20 cm Abstand ins Freiland. Majoran braucht einen lockeren, nährstoffhaltigen, aber nicht frisch gedüngten Boden; am besten gedeiht er auf einem humusreichen Gartenboden. Der Standort muß hell und sonnig sein; der Boden darf nur mäßig feucht sein, sollte aber nicht für längere Zeit austrocknen.
Majoran vertreibt Ameisen, man setzt ihn deshalb an gefährdete Stellen.

Pflegemaßnahmen: Keine; allenfalls eine Zwischendüngung nach dem Schnitt im Sommer; man erzielt dann eine zweite Ernte.

Zeitplan: März in Zimmerkultur, ab Mitte Mai im Freiland ansäen, oder die vorgezogenen Pflanzen in den Garten setzen; im Juli wird geerntet und eventuell nachgedüngt und im September erneut geschnitten.

Ernte und Aufbewahrung: Die Sprosse werden über dem Boden abgeschnitten und getrocknet. Die Blätter werden dann durch Rebbeln von den Stengeln getrennt und trocken aufbewahrt. Majoran läßt sich auch frisch oder eingefroren verwenden, jedoch nur sehr sparsam.

Verwendung: Zu allen Fleisch- und Wurstspeisen, auch zu Schmalz, Hackfleisch oder Eierspeisen, Eintöpfen und Kartoffelsuppen. Majoran ist das klassische »Leberwurstgewürz«.

Gesundheit: Majoran wirkt appetitanregend, beruhigend und krampflösend. Er gilt als Mittel gegen Kopf- und Nervenschmerzen. Bei starkem Gebrauch über längere Zeit kann er jedoch auch Kopfschmerzen hervorrufen.

MAJORAN **(Majorana hortensis)**

MEERRETTICH Kren

Wissenschaftlicher Name: ARMORACIA OFFICINALIS (Brassicaceae – Kreuzblütler).

Bedeutung des Namens: Pferde-Rettich (Mähre!), auch als Sumpf-Rettich (»Meer-« als »Moor-«) gedeutet.

Beschreibung: Kräftige Staude mit großen, bis zu 1 m langen Blättern, die einen kräftigen Stiel, eine deutliche Mittelrippe und eine bis zu 20 cm breite Spreite mit gewelltem Rand haben. Sie stehen in einer Rosette, aus der ein Blütenstand mit vielen kleinen, weißen Blüten herauswächst. Die Früchte sind kleine Schoten, 4–6 mm lang. Das Gewürz ist die kräftige Pfahlwurzel, die nach Entfernen der Seitenwurzeln erstarkt und genutzt wird.
Der Geschmack ist sehr scharf, der hohe Gehalt an Senfölglykosiden kann sogar zu Schleimhautreizungen führen.

Herkunft: Ursprünglich wohl in Südosteuropa und Westasien verbreitet, hat sich der Meerrettich durch die Kultur auch in Mitteleuropa an Fluß- und Bachufern stark ausgebreitet.

Anbau: Man setzt im März Wurzelteile ein, etwa auf 40 cm Abstand. Der Boden muß tiefgründig, lokker und nährstoffreich sein; Meerrettich verträgt sogar frischen Dünger. Er gedeiht auch im Schatten; sein Wasserbedarf ist jedoch hoch, er sollte ständig feucht stehen.

Pflegemaßnahmen: Wichtig ist die Entfernung von Seitenwurzeln.

Zeitplan: Im März setzt man die aufbewahrten Wurzelstücke ein. Im Juni nimmt man die Pflanzen heraus, entfernt die Seitenwurzeln und setzt wieder ein. Im Oktober erntet man ab; das heißt, man nimmt die Pflanzen heraus. Kleinere Seitenwurzeln und restliches Laub werden abgeschnitten und die Wurzeln eventuell bis zum Frühjahr eingeschlagen.

Anbau auf dem Balkon oder im Topf: Kommt nicht in Frage.

Ernte und Aufbewahrung: Die geernteten Wurzeln werden meist in Erde eingeschlagen und bei Bedarf verwendet. Man kann sie auch im Keller in Sacktuch eingeschlagen, gebrauchsfertig in Gläsern oder eingefroren aufbewahren.

Verwendung: Genutzt wird der geriebene, eventuell mit Schlagsahne versetzte Meerrettich als Beigabe zu Fisch und Fleischspeisen.

Gesundheit: Meerrettich wirkt appetitanregend, verdauungsfördernd und stimulierend auf den Blutkreislauf. Man gebraucht ihn auch gegen Infektionen der Nieren und der Harnwege, Umschläge helfen gegen Asthma; bei zu langer Einwirkung treten allerdings Hautreizungen auf. Mit Zucker vermischt, ergibt Meerrettich ein bekanntes Hausmittel gegen Husten und Schnupfen.

MEERRETTICH
(**Armoracia officinalis**)

MELISSE Zitronenmelisse

Wissenschaftlicher Name: MELISSA OFFICINALIS (Lamiaceae – Lippenblütler).

Bedeutung des Namens: »Melisse« von der lateinisch-wissenschaftlichen Bezeichnung; »Zitronen-« wegen des Geruches.

Beschreibung: Ausdauernde Staude mit zahlreichen bogig aufsteigenden 1 m hohen und vierkantigen Trieben, die jährlich neu gebildet werden. Sie tragen paarweise gegenständige Blätter, die breit lanzettlich bis herzförmig und bis 6 cm lang sind. Sie sind weichhaarig, gezähnt, auffällig hellgrün und dünn. Die Blüten stehen in endständigen Ähren zu mehreren in Quirlen. Sie sind gelblich und unscheinbar. Die Früchte sind kleine Halbnüßchen (Klausen), die kaum in Erscheinung treten, da sie von den Kelchblättern verdeckt werden.
Der Geschmack ist mild aromatisch und zitronenähnlich. Der Geruch ist sehr stark.

Herkunft: Die Melisse stammt aus dem Orient; ursprünglich als Bienenfutter angepflanzt, ist sie heute als Heil- und Gewürzkraut verbreitet.

Anbau: Melisse läßt sich leicht durch Ansaat erhalten; einfacher und schneller geht es jedoch, wenn man sich ein Stück eines Wurzelstockes von einem Nachbarn erbittet. Dies ist sicher ohne Schwierigkeiten möglich, denn die Melisse wächst so stark, daß sie jährlich verkleinert werden muß. In bezug auf den Boden und das Wasser ist sie sehr anspruchslos. Dagegen mag sie es gern sonnig – wiewohl sie durchaus auch im Schatten wächst, dann aber nicht so intensiv schmeckt.

Pflegemaßnahmen: Der Stock muß regelmäßig – am besten im Herbst nach dem Einziehen – durch Abstechen verkleinert werden. Die blühenden Triebe schneidet man ab, damit sich die Melisse nicht als lästiges Unkraut ausbreitet. Außerdem treiben die Sprosse anschließend neu aus, und man hat auch bis in den Herbst junge Triebe zum Abernten.

Zeitplan: Einsetzen im Herbst; im folgenden Jahr kann nach dem Austreiben (April) geerntet werden. Im Juli schneidet man die blühenden Triebe ab.

Anbau im Topf oder auf dem Balkon: Möglich, sofern es hell genug ist. Die Pflanze behandelt man dann wie eine Zimmerpflanze: Nach dem Einziehen im Herbst setzt man um, läßt der Pflanze einige Zeit Winterruhe und hält sie dann ab Dezember zum Austreiben wieder warm und feucht. Vom Frühjahr bis zum herbstlichen Einziehen setzt man den Stock, eventuell im Topf, in den Garten oder auf den Balkon.

Ernte und Aufbewahrung: Man erntet die frischen Triebe, deren Blätter man verwendet. Größere Mengen zum Trocknen oder zur Aufbewahrung erntet man vor der Hauptblüte im Juni ab.

Verwendung: Frisch zu grünen Salaten, Tomaten oder Gurkensalaten, ebenso zu Kräutertees. Außerdem an Fleischspeisen. Getrocknet auch zu Tees, Fleischspeisen und Braten. Das Kraut ist ein fester Bestandteil schmackhafter Kräuterliköre.

Gesundheit: Melisse ist ein altes Heilmittel gegen Streß, Nervenschwäche, Schlaflosigkeit und nervöse Magenbeschwerden. Melissengeist wird seit Paracelsus zum Einreiben und zur allgemeinen Stärkung – vor allem bei Erkältungen – angewendet.

MELISSE **(Melissa officinalis)**

OREGANO Brauner Dost, Falscher Majoran

Wissenschaftlicher Name: ORIGANUM VULGARE (Lamiaceae – Lippenblütler).

Bedeutung des Namens: Das italienische »Oregano« ist vom lateinischen »Origanum« abgeleitet; »Dost« ist das mittelhochdeutsche Wort für »Strauß«.

Beschreibung: Bis 60 cm hohe Staude; die einzelnen Sprosse sind hart, fast holzig und meist dunkelrot gefärbt. An ihnen sitzen die eiförmig bis runden, 4 cm langen und behaarten Blätter. Die Blüten stehen endständig in ausgebreiteten Scheindolden, die durch die hellvioletten kleinen Blüten und die rotbraunen Sprosse gefärbt sind. Der Wurzelstock ist kräftig; er treibt jährlich im Frühjahr neu aus. Der Geschmack ist ähnlich dem Majoran, jedoch nicht ganz so intensiv.

Herkunft: Der Dost ist in Mitteleuropa auf trockenem, sehr sonnigem Magerrasen verbreitet. Früher diente er als Bienenfutterpflanze.

Anbau: Dost wird entweder gesät, oder man kauft einen kleinen vorgezogenen Stock. Diesen setzt man an eine sehr sonnige und trockene Stelle. Dost gilt als Zeigerpflanze für trockene und kalkreiche Böden, der Boden sollte deshalb locker und kalkhaltig sein. Der Nährstoffanspruch ist bescheiden, der Wasserbedarf gering: Dost wird praktisch nicht gegossen.

Pflegemaßnahmen: Wird der Stock zu groß, muß er durch Abstechen verkleinert werden. Die Blüten müssen rechtzeitig abgeschnitten werden, damit sich der Dost nicht zu stark aussamt.

Zeitplan: Die Ernte beginnt, sobald die Pflanze nach dem Austrieb im Frühjahr genügend entwickelt ist, etwa ab Ende April/Anfang Mai. Größere Mengen zum Aufbewahren erntet man vor der Blüte im Juni; gleichzeitig entfernt man die Blütenknospen.

Anbau im Topf oder auf dem Balkon: Eigentlich nicht lohnend; man kauft besser fertiges Gewürz, zumal die Lichtansprüche nur auf einem sonnigen Balkon (Südseite) zu erfüllen wären.

Ernte und Aufbewahrung: Geerntet werden die Blätter, beziehungsweise die beblätterten Triebe. Zur Aufbewahrung wird der Dost getrocknet.

Verwendung: Dost ist das klassische »Pizza-Gewürz«, weshalb es bei uns durch die Pizza verbreitet wurde und auch unter seinem italienischen Namen bekannt geworden ist. Daneben verwendet man ihn frisch oder getrocknet zu Eierspeisen, Tomaten-, Nudelgerichten, Bratkartoffeln, Gemüse und Braten. Dost sollte dabei immer mitgekocht oder mitgebraten werden.

Gesundheit: Früher bekanntes Mittel der Volksmedizin gegen Krämpfe und Atembeschwerden, sowie bei Darm- und Harnweginfektionen. Seine anregende Wirkung wußte man ebenfalls zu schätzen. Diese Wirkung kann jedoch zu Herzbeschwerden führen, falls Dost im Übermaß genossen wird. Mit Kamille und Salbei zusammen als Tee verwendet, hilft Dost bei Halsbeschwerden.

OREGANO **(Origanum vulgare)**

PAPRIKA Spanischer Pfeffer

Wissenschaftlicher Name: CAPSICUM ANNUUM (Solanaceae – Nachtschattengewächse).

Bedeutung des Namens: Die serbisch-ungarische Bezeichnung wurde bei uns übernommen.

Beschreibung: Einjähriges Kraut, bis 1 m hoch und sparrig verzweigt mit hellgrünen, unverholzten Sprossen. Die Blätter sind breitlanzettlich, glänzend und bis zu 8 cm lang. Die Blüten stehen einzeln, sie sind klein (bis 1,5 cm im Durchmesser) und weißlich. Aus ihnen entwickeln sich hohle, glänzende Beeren (sogenannte »Paprikaschoten«), die im Innern die kleinen weißen Samenkörner tragen. Die Frucht ist je nach Sorte klein, lang und schmal (Peperoni) oder groß und breit (Gemüsepaprika).
Der Geschmack ist scharf, bedingt durch das Capsicin, das jedoch je nach Sorte in unterschiedlichen Mengen enthalten ist.

Herkunft: Aus Südamerika, wo es schon vor Columbus als Gemüse und Gewürzpflanze angebaut wurde.

Anbau: Man sät jährlich neu aus. Dabei zieht man ähnlich wie bei Tomaten die Pflanzen im Zimmer vor: Je drei Samenkörner in einen Blumentopf von 7 cm Durchmesser in ein Erde/Torf-Gemisch oder Torfkultursubstrat 2. Die Pflanzen werden nach den Spätfrösten ausgepflanzt und zunächst etwas geschützt. Diese Pflanzen erlauben eine Ernte bis in den Herbst hinein oder sogar bis zu den ersten Frösten. Paprika verlangt einen guten, nährstoffreichen Boden. Günstige Standorte sind der einjährige Komposthaufen oder die frisch mit Kompost versehenen Beete. Licht und Wasser benötigt der Paprika reichlich.

Pflegemaßnahmen: Die Früchte müssen stets rechtzeitig geerntet werden, damit die Pflanze neue Blüten bildet.

Zeitplan: Einsäen im Februar/März in Töpfe, Auspflanzen nach den Spätfrösten Mitte Mai. Ernte bis in den Herbst je nach Entwicklung der Früchte.

Anbau im Topf oder auf dem Balkon: Auf dem Balkon möglich, wenn auch nicht recht lohnend. Andererseits ist die Paprika-Pflanze mit ihren großen Früchten auch recht dekorativ; sie eignet sich deshalb durchaus für den Balkon. Im Zimmer ist nicht genug Licht vorhanden.

Ernte und Aufbewahrung: Geerntet werden die ausgewachsenen, unreifen (grünen) oder reifen (gelben oder roten) Früchte. Sie werden frisch benutzt, eignen sich aber auch zum Einfrieren. Zum Trocknen (als Gewürzpaprika) kommen vor allem die scharfen Sorten in Frage.

Verwendung: Die unreifen Früchte als Gemüse und Salat oder Salatbeigabe. Als Gewürz auch zu Eierspeisen, sauren Gemüsen, Fleisch und Geflügelspeisen.

Gesundheit: Das enthaltene Capsicin wirkt anregend bis reizend auf die Haut, die Schleimhäute und die Verdauungsorgane. Es wird deshalb in Salbenform bei Gliederschmerzen oder Rheumatismus zur Anregung der Durchblutung verwendet.

PAPRIKA **(Capsicum annuum)**

PETERSILIE

Wissenschaftlicher Name: PETROSELINUM HORTENSE (ssp. crispum) (Apiaceae – Doldenblütler).

Bedeutung des Namens: Die deutsche Bezeichnung ist aus der lateinischen entstanden; sie bedeutet Selinum (eine ähnliche Pflanze), das in den Felsen (lat. = petrus) wächst.

Beschreibung: Zweijähriger Doldenblütler mit kräftiger Pfahlwurzel, die auch als Gemüse genutzt wird (Wurzelpetersilie). Die als Gewürz dienenden Blätter sind kräftig grün und zwei- bis dreifach fiedrig geteilt. Die Teilblättchen sind entweder glatt und flach oder völlig kraus (mooskrause Petersilie). Die Blattstiele sind bisweilen recht hart. Die Pflanze treibt im zweiten Jahr verzweigte Sprosse, die mit mehreren Blütendolden abschließen. Die Blüten sind weiß, die reifen Früchte braun.

Der Geschmack ist herb aromatisch und leicht bitter; flache und mooskrause Petersilie unterscheiden sich nicht im Geschmack.

Herkunft: Die Petersilie stammt wohl aus dem östlichen Mittelmeergebiet; bereits seit dem Altertum wird sie angebaut, dadurch verwilderte sie im gesamten Mittelmeerraum. Bei uns ist ihre Zucht in Gärten seit Karl dem Großen belegt.

Anbau: Als zweijährige Pflanze wird Petersilie jährlich gesät. Piliertes Saatgut hat sich bewährt, sofern man nicht die Samen selbst zieht. Man sät in Reihen in einen lockeren, humosen und etwas sandigen (etwa ein Drittel Sand) Boden. Die Pflanze ist sehr lichtbedürftig, sie sollte also hell und sonnig stehen. Gegossen wird mäßig, zuviel Wasser schadet.

Pflegemaßnahmen: Petersiliensaat sollte vor Schnecken geschützt werden. Ältere Pflanzen hingegen vertreiben Schnecken; Petersilie wird deshalb auch im Garten verteilt.

Zeitplan: Im März wird eingesät, ab Juni steht dann Petersilie zur Verfügung. Die Ernte ist bis zum Blütenansatz im folgenden Jahr möglich.

Anbau im Topf oder auf dem Balkon: Läßt sich problemlos durchführen; Wurzelpetersilie eignet sich nicht dazu, da sie einen tiefgründigen Boden verlangt. Eine Kombination von Garten- und Zimmeranzucht ist möglich, wenn man die Pflanzen im Herbst ausgräbt und in Töpfe setzt; diese gräbt man zunächst im Garten ein und holt sie je nach Bedarf ins Zimmer, wo sie zum Treiben gegossen und eventuell gedüngt werden.

Ernte und Aufbewahrung: Sät man jährlich und erntet auch im Winter, so hat man die Blätter während des ganzen Jahres frisch. Meist ist die neugesäte Petersilie weit genug entwickelt, bis die vorjährige blüht. Blätter der Sprosse oder Blütentriebe sind ebenfalls verwendbar. Außerdem läßt sich Petersilie einfrieren, einpökeln oder trocknen.

Verwendung: Petersilie ist ein Universalgewürz. Man benutzt es zu Salaten, Gemüse, Fleisch, Fisch oder Kartoffeln. Sie sollte jedoch nicht mitgekocht werden; gekochte Petersilie wird leicht bitter. In manchen Gegenden nutzt man dies allerdings aus, um einer speziellen »Petersiliensauce« ihren herb-bitteren Geschmack zu geben. Auf die Benutzung als Dekoration auf angerichteten Platten oder die Verwendung der Wurzeln als Gemüse sei ebenfalls hingewiesen.

Gesundheit: Neben der Geschmacksbereicherung ist die Petersilie wertvoll wegen ihres hohen Gehaltes an Vitamin C, den sie auch im Winter besitzt. Deswegen sollte man sie auch möglichst frisch verwenden. Ihre harntreibende Wirkung wird in manchen Ländern noch heute genutzt. Weniger bekannt ist die gute Wirkung von Preßsaft aus frischem Kraut bei Insektenstichen.

PETERSILIE
(Peteroselinum hortense)

PFEFFERMINZE

Wissenschaftlicher Name: MENTHA X PIPERITA (Lamiaceae – Lippenblütler).

Bedeutung des Namens: »Minze« bezeichnet Pflanzen mit starkem, scharfem Geruch.

Beschreibung: Lange, weißliche Kriechsprosse (Rhizome), die dicht unter der Erdoberfläche wachsen, treiben die dunkelgrünen, oft rot überlaufenen Sprosse senkrecht nach oben. Sie werden bis 35 cm hoch und sind deutlich vierkantig. Die Blätter sind gegenständig breit eiförmig, kahl bis behaart, bis 4 cm lang. Die Blüten stehen in schopfigen Ähren endständig. Sie sind violettlich und nicht sehr auffällig. Bei den angebauten Sorten handelt es sich um Bastarde, die steril sind, also keine Samen bilden.
Der Geschmack ist würzig durchdringend, er beruht auf dem Reichtum an ätherischen Ölen, besonders Menthol.

Herkunft: Bastard aus den einheimischen Arten Mentha aquatica x Mentha spicata.

Anbau: Man setzt die Ausläufer ein, da die Pflanze keinen Samen hervorbringt. Dies kann zu jeder Jahreszeit geschehen. Die Pfefferminze verlangt keinen übermäßig guten Boden; auch ihre Lichtansprüche sind gering. Sie mag es allerdings als Uferpflanze gern feucht, erträgt aber Trockenheit durchaus. Pfefferminze breitet sich mit ihren raschwüchsigen Ausläufern schnell aus und wird dann zu einem lästigen Unkraut. Dies vermeidet man, indem man sie mit einem Betonring, einem Eimer ohne Boden oder durch einen Ring aus Folie »bremst«.

Pflegemaßnahmen: Setzt man die Pfefferminze etwa alle 3 bis 5 Jahre um, so ist sie weniger anfällig gegen Pfefferminzrost und gegen Sortenveränderungen.

Zeitplan: Einsetzen kann jederzeit erfolgen. Ernte, sobald die oberirdischen Triebe entwickelt sind.

Anbau im Topf oder auf dem Balkon: Möglich, aber wegen des Geruches nicht zu empfehlen. Außerdem ist die Überwinterung schwierig.

Ernte und Aufbewahrung: Man erntet die Sprosse mit den Blättern, diese werden frisch verwendet oder in Bündeln getrocknet und gerebbelt.

Verwendung: Frisch zu Tee, aber auch zu Rohkost, Suppen oder Gemüsen, jedoch nur in kleinen Mengen, da sie stark vorschmeckt. Als Gewürz auch zu Salaten, zum Kräuteressig oder zu -likören.
Getrocknet vor allem zu Tees, darüber hinaus auch zu Fleischspeisen, bei denen sie mitgekocht wird.

Gesundheit: Bekannt vornehmlich gegen Magen- und Darmbeschwerden. Auch bei Erkältungen, bei Hals- und Schluckbeschwerden hilft ein Pfefferminztee; er wird neuerdings auch bei Kopfschmerzen, Schlafstörungen und Periodenschmerzen eingesetzt.

PFEFFERMINZE
(Mentha x piperita)

PORTULAK

Wissenschaftlicher Name: PORTULACA OLERACEA (Portulacaceae – Portulakgewächse).

Bedeutung des Namens: »Portulacca« bezeichnet bei Plinius eine unbekannte Pflanze.

Beschreibung: Einjährige, bis 20 cm hohe Pflanze, deren Sprosse sich am Boden verzweigen und bogig aufsteigen. Oft sind sie rötlich überlaufen. Die Blätter sind 1 bis 2 cm lang, keilförmig, an der Spitze abgerundet, bis eiförmig und sehr fleischig. Die Blüten sind klein, unscheinbar und stehen zwischen den oberen Stengelblättern.
Der Geschmack ist säuerlich.

Herkunft: Die Pflanze stammt aus den Altweltlichen Tropen; durch den Anbau ist sie in Südeuropa eingebürgert.

Anbau: Portulak ist nicht winterhart. Man sät ihn deshalb jedes Jahr neu in Reihen von 20 bis 30 cm Abstand in einen lockeren, humosen und nicht frisch gedüngten Boden. Der Standort muß hell und sonnig sein. Der Wasserbedarf ist hoch.

Pflegemaßnahmen: Keine.

Zeitplan: Man sät im Mai nach den Spätfrösten. Die Ernte beginnt, nachdem sich die ersten Blätter gebildet haben. Folgesaaten sind bis zum August möglich; man hat dann stets junge und frische Pflänzchen zum Abernten.

Anbau im Topf oder auf dem Balkon: Ohne weiteres möglich; Portulak benötigt aber viel Licht.

Ernte: Man schneidet die jungen Sprosse ab und verwendet die Blätter und die Triebspitzen. Portulak wird nur frisch genutzt; allenfalls friert man ihn in fertigen Kräutermischungen für Salate ein.

Verwendung: Man verarbeitet ihn zu grünen Salaten, Rohkostgerichten und Suppen; auch zum Einlegen eignet er sich gut.

Gesundheit: Portulak gilt als Mittel gegen Entzündungen; außerdem lindert er Sodbrennen.

PORTULAK **(Portulaca oleracea)**

RINGELBLUME

Wissenschaftlicher Name: Calendula officinalis (Asteraceae – Korbblütler).

Bedeutung des Namens: Die inneren gewundenen oder »geringelten« Früchte im Köpfchen führten zum Namen »Ringelblume«.

Beschreibung: Einjährige Pflanze, die hin und wieder auch überwintert. Die Sprosse werden bis 50 cm hoch; sie sind verzweigt, etwas kantig und rauh behaart. Die Blätter sind wechselständig, ganzrandig etwas sitzend, hellgrün, spatelig bis längseiförmig und bis 5 cm lang. Die Blüten stehen in gelbroten Köpfchen.

Herkunft: Die in Südeuropa und Asien beheimatete Ringelblume ist eine alte Zier- und Heilpflanze, die seit dem Mittelalter zum festen Bestandteil der »Bauerngärten« gehört.

Anbau: Die Pflanzen werden zunächst ins Freiland eingesät. Die Jungpflanzen werden dann auf 20 cm Abstand versetzt; dabei eignet sich die Calendula vorzüglich zur Verteilung in Zierpflanzenbeeten. Da die Ringelblume gegen Fadenwürmer (»Älchen«) im Boden wirkt, trägt sie zum biologischen Pflanzenschutz bei. Der Boden sollte lehmig-humos und nährstoffreich, der Standort muß hell, warm und sonnig sein. Wasser benötigt die Ringelblume dagegen nur wenig.

Pflegemaßnahmen: Bei dichtem Wuchs auf Blattläuse achten.

Zeitplan: Man sät im März, versetzt etwa im Mai; die Pflanzen blühen dann von Ende Juni bis in den Herbst.

Anbau im Topf oder auf dem Balkon: Leicht möglich, die Ringelblume eignet sich besonders für den Balkon, wo sie durch ihre Blütenköpfe dekorativ wirkt.

Ernte und Aufbewahrung: Die Blätter werden abgeschnitten und frisch verwendet.

Verwendung: Die Blätter werden als Salat oder Salatbeigabe gegessen. Die getrockneten Blüten dienen als Safranersatz oder -verfälschung.

Gesundheit: Frisch oder als Auszug ist die Ringelblume ein altes Hausmittel gegen Würmer; ein Auszug in Weingeist wird gegen Warzen, Hühneraugen und Wunden oder Wundliegen verwendet. Der Tee aus getrockneten Blütenköpfchen wirkt gegen Magen- und Darmstörungen sowie blutreinigend.

RINGELBLUME
(Calendula officinalis)

ROSMARIN

Wissenschaftlicher Name: Rosmarinus officinalis (Lamiaceae – Lippenblütler).

Bedeutung des Namens: Alter Name vom griechisch-lateinischen ros = Weihrauch; »marinus« deutet auf Meernähe, wo die Pflanze wild vorkommt. Der Name wird auch als »Rose Mariens« erklärt.

Beschreibung: Strauch, der wild bis 1,5 m hoch werden kann; alte Stöcke in geschützter, frostfreier Lage erreichen 2,5 m Höhe. Die Blätter sind gegenständig, schmal, bis 4 cm lang behaart und etwas eingerollt. Häufig wachsen in den Blattachseln weitere kleine Blätter. Die Blüten stehen in endständigen kleinen Rispen oder in wenigblütigen Quirlen in den Blattachseln.
Der Geschmack ist intensiv aromatisch-frisch bis leicht stechend-zusammenziehend.

Herkunft: Heute noch im Mittelmeergebiet in Meernähe allgemein verbreitet.

Anbau: Der Rosmarin ist nicht winterhart und deshalb bei uns nur als Topfpflanze zu halten. Man vermehrt ihn durch Stecklinge, die man von jungen Zweigen schneidet, in ein Wasserglas oder in einen Topf mit käuflicher Blumenerde setzt und mäßig feucht unter einem Verdunstungsschutz hält (Folienhaube, Glas). Auch nach dem Anwurzeln muß der Boden ständig feucht bleiben; der Rosmarin hat ein recht hohes Wasserbedürfnis. Deshalb hält man ihn auch in der Küche, nicht im Wohnraum. Wegen seines hohen Lichtbedarfs sollte er möglichst hell stehen. Günstig ist es, im Frühjahr umzutopfen und die Pflanze nach den Spätfrösten im Sommer mit dem Topf in den Garten oder auf den Balkon zu setzen.

Pflegemaßnahmen: Keine.

Zeitplan: Die Blätter können ganzjährig entnommen werden.

Anbau im Topf oder auf dem Balkon: Problemlos.

Ernte und Aufbewahrung: Man entnimmt ganzjährig die Blätter; dabei muß jedoch die Lebensfähigkeit des Stockes erhalten bleiben. Mehr als ein Drittel der Blattmasse sollte vor dem Austreiben im Frühjahr nicht geerntet werden. Rosmarin eignet sich auch zum Trocknen.

Verwendung: Rosmarin würzt alle Fleischspeisen, auch Wild, Fisch, Eiergerichte und Kräutersuppen. Er ist jedoch sehr sparsam zu verwenden, da er sehr durchdringend schmeckt. Rosmarin ist ein fester Bestandteil der spanischen und italienischen Küche, wo er einigen Speisen den typischen Geschmack verleiht.

Gesundheit: Rosmarinsalbe wird gegen Gliederschmerzen, Rheumatismus und Hautschäden (Parasiten, Geschwüre, Wunden) verwendet. Tee oder Rosmarinwein helfen bei Verdauungsstörungen oder nervöser Erschöpfung. Rosmarinbäder beleben; am Abend genommen, verhindern sie jedoch den Schlaf.

ROSMARIN
(Rosmarinus officinalis)

SALBEI

Wissenschaftlicher Name: SALVIA OFFICINALIS (Lamiaceae – Lippenblütler).

Bedeutung des Namens: Umformung des lateinischen Namens »salvia«.

Beschreibung: Halbstrauch mit bogig aufsteigenden, vierkantigen, braunen und stark verzweigten Trieben. Die jungen Triebe sind wie die Blätter graufilzig behaart. Der Strauch kann bis 70 cm hoch werden. Die Blätter sind lanzettlich bis schmal etwas nach oben gefaltet, winterhart und bis 8 cm lang. Der Rand ist fein gekerbt. Die Blüten sind 2 cm lange, violettweißliche Lippenblüten; sie stehen in endständigen Quirlen, die kleine Ähren bilden.
Der Geschmack ist streng bis bitter und sehr aromatisch würzig.

Herkunft: Aus dem Mittelmeergebiet; seit dem 9. Jahrhundert in den Klostergärten als Heilpflanze angebaut.

Anbau: Man zieht eine Jungpflanze aus käuflichen Samen oder kauft einen jungen Stock. Diese setzt man, wenn sie 5 bis 10 cm hoch ist, an ihren endgültigen Standort. Dort soll es warm und sonnig und nur mäßig feucht sein. Der Anspruch an den Boden ist nur gering; allerdings gedeiht Salbei besonders gut, wenn man jährlich etwas Kompost um die Pflanze streut und einarbeitet.

Pflegemaßnahmen: Im Frühjahr schneidet man zurück oder entfernt die ausgewinterten Teile. Während oder nach der Blüte schneidet man die blühenden Triebe, damit sich die Pflanze nicht aussamt.

Zeitplan: Wegen der winterharten Blätter wird während des ganzen Jahres geerntet.

Anbau im Topf oder auf dem Balkon: Möglich, wenn man eine Winterruhe mit kühlem und fast trockenem Stand einhält. Auch für Dauerbepflanzungen in Trögen geeignet.

Ernte und Aufbewahrung: Man verwendet die frisch entnommenen Blätter. Getrocknet hält er sich auch gut, denn wegen des sehr intensiven Geschmacks schadet ein Trocknungsverlust nicht.

Verwendung: Einzelne Blätter zu Fleisch, Pilz- und Wildgerichten, kleingehackt als Wurst- und Bratengewürz oder an Suppen und Saucen. Ein Blättchen in einem Kräutertee (1 Blatt pro Liter) sollte man auch einmal versuchen. In Teig gebackene Blätter werden als »Salbeiküchlein« gegessen.

Gesundheit: Ein möglichst frisch zubereiteter Salbeitee wird gegen Hals- und Racheninfektionen, zum Zähneputzen, Gurgeln oder Mundspülen verwendet. Salbei hilft auch bei Verdauungsstörungen und bei Nachtschweiß.

SALBEI **(Salvia officinalis)**

SAUERAMPFER

Wissenschaftlicher Name: Rumex acetosella (Polygonaceae – Knöterichgewächse).

Bedeutung des Namens: »amper« ist eine alte Bezeichnung für »sauer, bitter«; »Sauer-« wegen des Geschmackes.

Beschreibung: Ausdauernde Pflanze mit kräftiger Pfahlwurzel, die jährlich bis 60 cm hohe hellgrüne und kantige Sprosse treibt, die rötlich überlaufen sind und an denen die langen spießförmigen, nach oben kleiner werdenden Blätter sitzen. Diese Blätter haben am Stielansatz ein typisches Häutchen (die Ochrea), ein Kennzeichen für die Knöterichgewächse. Die unscheinbaren Blüten stehen in endständigen Trauben. Die Früchte sind stark geflügelt und erreichen 4 mm im Durchmesser. Der Geschmack der Blätter ist säuerlich erfrischend.

Herkunft: Weltweit verbreitet auf Viehweiden, an Flußufern und auf Brachflächen.

Anbau: Sauerampfer wird einmal gesät, dann treibt er jedes Jahr wieder aus. Er braucht einen lockeren, nicht zu nährstoffreichen Boden. Er mag es hell, gedeiht aber im Halbschatten auch noch; Wasser benötigt er reichlich; er muß regelmäßig gegossen werden.

Pflegemaßnahmen: Die Blütentriebe werden stets herausgeschnitten, damit mehr Blattmasse gebildet wird. Breitet sich der Sauerampfer zu stark aus, benötigt der Boden Kalk.

Zeitplan: Einsaat im März; nach dem Aufgehen der Saat und nach genügender Entwicklung zieht man die überzähligen Jungpflanzen aus; die restlichen läßt man auf 10 cm Abstand stehen. Von diesen erntet man ab Herbst oder in den folgenden Jahren.

Anbau im Topf oder auf dem Balkon: Leicht möglich. Man sollte ihn dann einjährig ziehen, also einsäen und nach dem Auflaufen bis zum Herbst vollständig abernten und dann verwerfen.

Ernte und Aufbewahrung: Sauerampfer wird nur frisch verwendet. Man zupft die Blätter einzeln ab.

Verwendung: Für Salate, saure Speisen, Kräutersuppen oder -brühen, auch für Fisch.

Gesundheit: Wirkt blutreinigend und erfrischend bei fiebrigen Erkrankungen. Wegen des hohen Oxalsäuregehaltes sollte Sauerampfer aber nicht zu häufig gegessen werden.

SAUERAMPFER
(Rumex acetosella)

SCHALOTTE Asch-Lauch

Wissenschaftlicher Name: Allium ascalonicum (Liliaceae – Liliengewächse).

Bedeutung des Namens: Ascalonische Zwiebel = Zwiebel aus Askalon, einer Stadt in Palästina.

Beschreibung: Typische Zwiebel mit 14 bis 40 cm langen Röhrenblättern, die jeweils im Büschel aus einer Zwiebel herauswachsen. Blüten werden bei uns praktisch nicht gebildet. Die Zwiebeln sind dünnhäutig, kleiner als die Küchenzwiebel, ähnlich dem Knoblauch und aus mehreren Nebenzwiebeln zusammengesetzt.
Der Geschmack ist zwiebelähnlich, aber herzhafter.

Herkunft: Die Schalotte stammt aus Vorderasien, wo sie heute noch wild vorkommt und blüht. Sie wurde von den Kreuzfahrern zu uns gebracht.

Anbau: Man kauft im Frühjahr die Zwiebeln oder zerlegt vom Vorjahr aufbewahrte Zwiebeln in ihre Tochterzwiebeln und setzt sie ab März ein, am besten in Reihen mit 10 cm Einzelabstand und 25 cm zwischen den Reihen. Der Boden sollte gut und nährstoffreich sein. Am besten versorgt man die für Schalotten vorgesehenen Beete vorher mit Humus. Die Schalotte braucht einen hellen Standort mit viel Sonne. Wasser benötigt sie beim Anwachsen; später kommt sie ohne Gießen aus.

Pflegemaßnahmen: Zwischen den Reihen hackt man öfters durch. Im Herbst (September) knickt man die Blätter um, damit sie schneller einziehen.

Zeitplan: Man setzt im März/April ein und erntet ab August für den sofortigen Gebrauch. Haupternte nach dem Einziehen der Blätter im September.

Anbau im Topf oder auf dem Balkon: Möglich, aber nicht lohnend.

Ernte und Aufbewahrung: Man erntet die Zwiebelbüschel nach dem Einziehen und bewahrt sie trokken auf.

Verwendung: Entweder frisch wie Zwiebeln zu grünen Salaten, Tomaten oder Gurkensalat; außerdem eignet sich die Schalotte sehr gut zum Einlegen von Gurken oder Mixed Pickles.

Gesundheit: Für die Schalotte gilt das gleiche wie für die Zwiebel; hervorzuheben ist ihre verdauungsfördernde Wirkung.

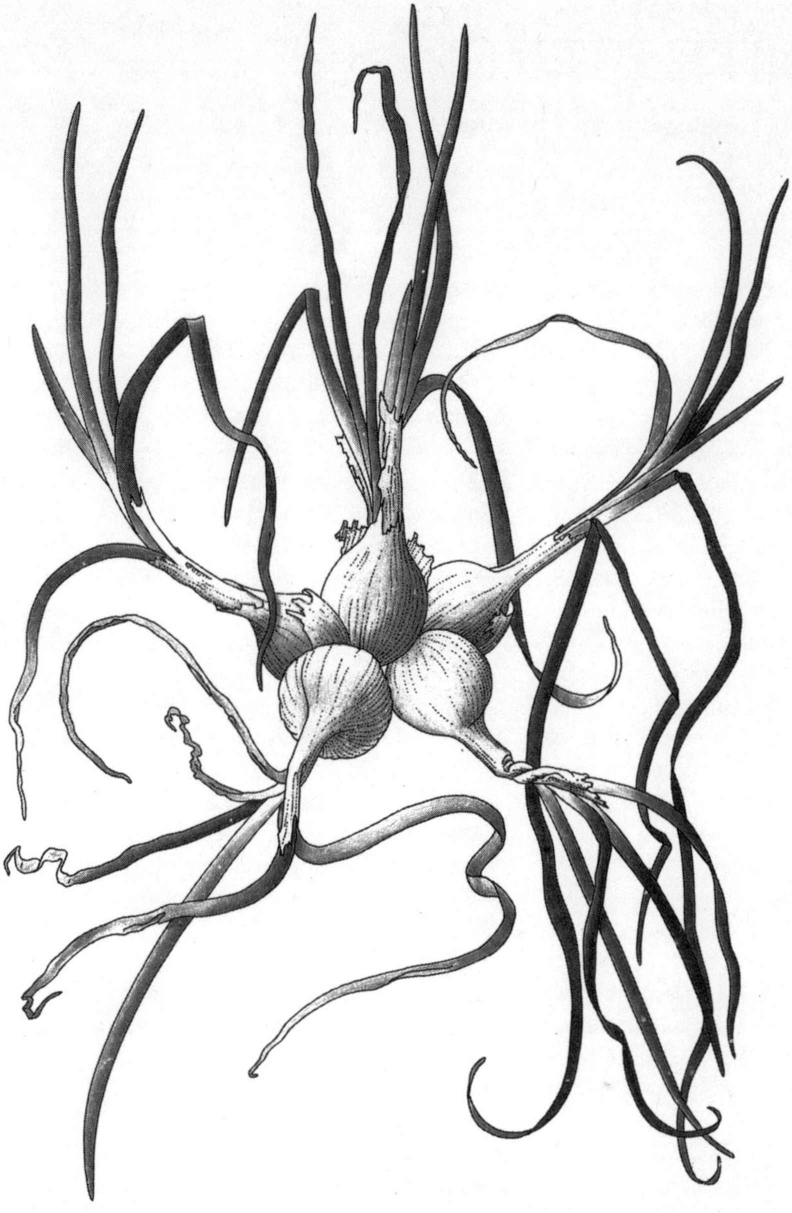

SCHALOTTE **(Allium ascalonicum)**

SCHNITTLAUCH

Wissenschaftlicher Name: ALLIUM SCHOENOPRASUM (Liliaceae – Liliengewächse).

Bedeutung des Namens: Lauch, der geschnitten wird; Lauch (= Zwiebel, Porree) leitet sich vom lateinischen »allium« ab.

Beschreibung: Ausdauernde Pflanze mit einem Rhizom und zahlreichen kleinen, zwiebelähnlichen Seitenzweigen, aus denen die röhrenförmigen Blätter herauswachsen. Diese können bei modernen Sorten bis zu 35 cm erreichen. Nach dem Abschneiden treibt die Pflanze sofort neue Blätter. Die Blüten stehen in violetten Köpfchen auf röhrenförmigen Sprossen, die im Gegensatz zu den Blättern jedoch zu hart zur Verwendung sind.
Der Geschmack ist scharf und knoblauchähnlich, jedoch frischer. Er beruht auf den gleichen Inhaltstoffen (Senfölen), wie sie auch von der Zwiebel, dem Knoblauch oder dem Porree bekannt sind.

Herkunft: Schnittlauch wächst bei uns auf feuchten Wiesen und Matten; die Gartenform wurde vermutlich im Mittelalter von Mönchen aus Italien eingeführt.

Anbau: Schnittlauch wird entweder in Reihen gesät (dann ist eine Ernte erst im folgenden Jahr möglich) oder als kräftiger Stock eingesetzt. Solche Pflanzen werden in jedem Frühjahr im Handel angeboten; außerdem muß der Nachbar seinen Stock von Zeit zu Zeit teilen. Der Schnittlauch verlangt einen nährstoffreichen Boden, eine gelegentliche organische Nachdüngung ergibt bessere Ernten.
An die Belichtung stellt er wenig Ansprüche, er verträgt aber auch sonnige Standorte. Wasser benötigt er viel.
Im Frühjahr sind die wachsenden Blütenstände auszubrechen. Außerdem müssen zu kräftig wachsende Exemplare etwa alle zwei Jahre geteilt werden.

Pflegemaßnahmen: Keine.

Zeitplan: Sobald der Schnittlauch im Frühjahr kräftig treibt, kann er geerntet werden, bis im Herbst die Blätter vergilben.

Anbau im Topf oder auf dem Balkon: Das ganze Jahr über möglich, indem man gekaufte Töpfe wie Zimmerpflanzen hält; im Winter ist meist eine zusätzliche Belichtung nötig.
Außerdem lassen sich Teile der Stauden im Herbst nach dem Einziehen und Durchfrieren (wichtig!) ausgraben und in Töpfe setzen, sie treiben dann im warmen Zimmer sofort aus.

Ernte und Aufbewahrung: Bei der Ernte werden die frischen Blätter etwa 1 cm über dem Boden abgeschnitten. Eine Aufbewahrung ist nur gefroren möglich; Schnittlauch eignet sich nicht zum Trocknen.

Verwendung: Man benutzt Schnittlauch für alle kalten Speisen wie Salate und Käse, aber auch für Rührei.

Gesundheit: Schnittlauch wirkt stark appetitanregend. Hierauf ist seine Beliebtheit als Gewürz zurückzuführen. Dazu wirkt er wie alle Zwiebelgewächse verdauungsfördernd. Eine blutreinigende Wirkung ist zweifelhaft. Bei reichlichem Genuß kann Schnittlauch wie Knoblauch einen Körpergeruch verursachen.

SCHNITTLAUCH
(Allium schoenoprasum)

SENF **Weißer Senf**

Wissenschaftlicher Name: SINAPIS ALBA (Brassicaceae – Kohlgewächse oder Kreuzblütler).

Bedeutung des Namens: Senf von lateinisch »sinapis«.

Beschreibung: Einjährige Pflanze mit langer, spindeliger Wurzel. Der Sproß ist je nach Kultursorte kahl bis etwas rauhhaarig. Er wird bis 1 m hoch und ist oberwärts und im Blütenbereich verzweigt. Die Blätter sind bis 12 cm lang, buchtig gezähnt bis lappig geteilt; sie werden nach oben hin kleiner und sind im Blütenbereich ganzrandig. Die gelblichen Blüten stehen in Ständen an den Triebspitzen. Die aus ihnen hervorgehenden Früchte sind bis 5 cm lange Schoten, die die bekannten Senfkörner als Samen enthalten. Der früher als Kulturpflanze ebenfalls angebaute Schwarze Senf (Brassica nigra) hat goldgelbe Blüten, die Früchte sind kürzere (bis 20 mm lange) etwas vierkantige Schoten, die dem Stengel angedrückt stehen.
Die Samen schmecken scharf, senfartig, aufgrund der enthaltenen Senföle. Das junge Laub schmeckt kresseartig.

Herkunft: Ursprünglich im östlichen Mittelmeergebiet beheimatet, ist der weiße Senf durch die Kultur im gesamten Mittelmeergebiet verwildert. Bei uns ist er in Flußtälern, vor allem im Südwesten anzutreffen.

Anbau: Senf wird als einjährige Pflanze gesät, am besten im zeitigen Frühjahr, in Reihen mit 25 cm Reihenabstand. Der Boden sollte locker, nährstoffreich und kalkhaltig sein. Am besten gibt man im Herbst auf das vorgesehene Beet Gartenkompost. Das Lichtbedürfnis ist hoch. Wasser mag er gern reichlich, obwohl er Trockenheit durchaus erträgt. Senf trägt wesentlich zur Bodenverbesserung bei; außerdem hilft er gegen Schnecken, die den Geruch meiden und sich zurückziehen.

Pflegemaßnahmen: Keine; allenfalls ist auf rechtzeitige Ernte zu achten, um Velruste zu vermeiden.

Zeitplan: Man sät je nach Witterung Ende Februar oder im März aus und erntet die Früchte im August.

Anbau im Topf oder auf dem Balkon: Nicht zu empfehlen.

Ernte und Aufbewahrung: Man erntet kurz vor der vollen Reife, trocknet die Fruchstände dann nach und bewahrt die daraus erhaltenen Samen trocken auf.

Verwendung: Das ganz junge Laub wird ähnlich wie Gartenkresse zu Salaten verwendet. Die Samen zur Herstellung von Mostrich, zum Einlegen von sauren Gemüsen (Mixed Pickles), Gurken, Fischen oder Fleisch.

Gesundheit: Senf wirkt verdauungsfördernd und appetitanregend; vor allem zu fetten Speisen ist er deshalb sehr beliebt.
Senfumschläge (mit einem Brei aus zerstoßenen Körnern in Wasser) gelten als Hausmittel bei fiebrigen Erkältungen, Rheuma, Ischias, Gicht, Muskel- und Gelenkschmerzen. Die Wickel dürfen wegen möglicher Hautreizungen nur für kurze Zeit angelegt werden.

SENF **(Sinapis alba)**

THYMIAN Quendel

Wissenschaftlicher Name: THYMUS SERPYLLUM, TH. VULGARIS (Lamiaceae – Lippenblütler).

Bedeutung des Namens: Quendel ist wohl vom griechisch-lateinischen »cunila« abgeleitet.

Beschreibung: Kleiner Halbstrauch mit verholzten, dünnen niederliegenden bis bogig aufsteigenden Ausläufern. Die Blätter sind länglich, klein bis höchstens 1,5 cm lang, häufig behaart und winterhart. Die Blüten stehen in endständigen Köpfchen, sie sind rötlich und nicht sehr auffällig.
Der Geschmack ist würzig aromatisch.

Herkunft: Bei uns einheimisch auf trockenem Magerrasen und Triften. Die Wildformen variieren im Gegensatz zur Gartenform sehr stark.

Anbau: Quendel zieht man am besten aus Samen oder man kauft eine Staude. Man setzt ihn in lokkeren, mäßig nährstoffreichen Boden ohne frischen organischen Dünger. Der Standort muß vor allem sehr sonnig sein, Wasser benötigt der Thymian nur sehr wenig. Er eignet sich wegen seiner geringen Größe und seines Lichtbedürfnisses sehr gut als Steingarten- (Alpinum-) Pflanze; er muß also nicht unbedingt im Kräuterbeet stehen.

Pflegemaßnahmen: Im Winter deckt man ihn mit etwas Fichtenreisig ab; ausgewinterte Teile werden im Frühjahr entfernt.

Zeitplan: Man läßt der Pflanze eine Vegetationsperiode zum Anwachsen und Erstarken; dann wird ganzjährig (auch unter Schnee) geerntet.

Anbau im Topf oder auf dem Balkon: Möglich, jedoch muß der Stock genügend hell stehen (Südseite!).

Ernte und Aufbewahrung: Man benutzt die Blätter und die jungen Triebspitzen, die man entweder ganzjährig erntet oder zum Aufbewahren trocknet.

Verwendung: Frisch oder getrocknet zu Suppen, Saucen, Eierspeisen, Braten, Pizza; stets jedoch nur in kleinen Mengen, denn Thymian schmeckt sehr intensiv. Für Kräuteressig oder -öl läßt er sich ebenfalls verwenden.

Gesundheit: Thymian wirkt entwässernd, aber auch verdauungsfördernd und heilend bei Magen- und Darmbeschwerden. Zusammen mit Rosmarin macht er Eier besser verdaulich, fette Speisen werden leichter bekömmlich. Äußerlich zum Einreiben oder in Bädern hilft er gegen Muskelschmerzen. In der Volksheilkunde diente er früher als Hilfe im Kindbett; hierzu wurde er in das Bett gestreut.

THYMIAN **(Thymus serpyllum)**

TRIPMADAM

Wissenschaftlicher Name: Sedum reflexum beziehungsweise Sedum rupestre ssp. reflexum (Crassulaceae – Dickblattgewächse).

Bedeutung des Namens: Von französisch »trique madame«.

Beschreibung: Ausdauernde Pflanze mit niederliegenden bis bogig aufsteigenden Trieben. Diese Triebe sind dicht mit linealischen, bis 2 cm langen, zugespitzten, sehr dicken (sukkulenten) und bläulich-grauen Blättern besetzt. Die Blütenstiele sind aufrecht, bis 15 cm hoch und mit mehreren gelben, bis 20 mm im Durchmesser erreichenden Blüten besetzt. Der Geschmack ist erfrischend säuerlich und leicht zusammenziehend.

Herkunft: Bei uns einheimisch; vor allem in den Keupergebieten, wo die Tripmadam auf exponierten, vor allem felsigen, Standorten wächst. Durch den Anbau ist sie auch in anderen Gebieten verbreitet.

Anbau: Vorzugsweise benutzt man junge Pflanzen oder beim Verkleinern angefallene Stücke zum Anpflanzen. Auch Saatgut ist erhältlich, das man im Frühjahr einsät und nach dem Aufgehen vereinzelt. Die Jungpflanzen setzt man dann an den endgültigen Standort. Tripmadam verlangt keinen besonderen Boden; Sand- und kalkhaltige Böden werden gut ertragen. Wichtig ist vor allem genügend Licht und Sonne. Gegossen wird praktisch nicht, denn die Pflanze sollte sehr trocken gehalten werden.
Wegen der Kleinheit und der Blattfärbung eignet sich Tripmadam auch zum Einpflanzen in Steingärten.

Pflegemaßnahmen: Zu stark wuchernde Pflanzen müssen verkleinert werden; Blütentriebe werden zur Vermeidung der Samenbildung entfernt.

Zeitplan: Nach genügender Entwicklung der Pflanzen beziehungsweise beim Beginn des Wachstums eingesetzter Stöcke kann geerntet werden. Die Ernte ist ganzjährig möglich.

Anbau im Topf oder auf dem Balkon: Möglich, falls ein genügend sonniger Stand vorhanden ist. Tripmadam eignet sich vor allem für Dauerpflanzungen in Balkonkästen. Im Zimmer muß man ihr im Winter eine Ruheperiode mit kühlem, trockenem Stand geben.

Ernte und Aufbewahrung: Benutzt werden die Blätter und die jungen, nichtblühenden Triebe. Aufbewahren kann man Tripmadam nur eingefroren, am besten in fertigen Kräutermischungen. Zum Trocknen ist sie ungeeignet.

Verwendung: Die nichtblühenden Triebspitzen und die Blätter zu Salaten und Rohkost, frisch auch zu Eierspeisen und an Kräutersaucen.

Gesundheit: Besondere Wirkungen sind nicht bekannt.

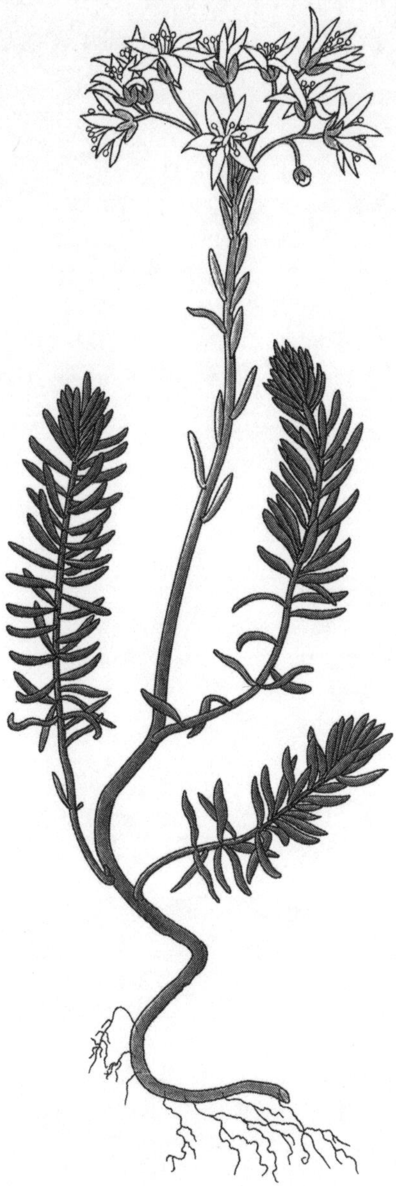

TRIPMADAM (**Sedum reflexum**)

WALDMEISTER

Wissenschaftlicher Name: Asperula odorata (Rubiaceae – Röte- oder Krappgewächse).

Bedeutung des Namens: Aus »Waldmännlein« wegen des Standortes im Wald.

Beschreibung: Waldmeister bildet verzweigte Kriechsprosse (Rhizome), dicht unter der Erdoberfläche. Aus ihnen wachsen aufrechte Triebe, die bis zu 20 cm hoch werden; sie sind kantig und mit Quirlen aus mehreren, 4 cm langen, lanzettlichen und zugespitzten Blättern besetzt. Die Blüten sind klein und weiß, sie stehen in lockeren Rispen, an 35 cm hohen Trieben. Die Früchte sind kleine Kugeln von 2 mm Durchmesser und borstig.
Der typische Waldmeister-Geschmack rührt von dem Inhaltsstoff Cumarin her, der beim Welken freigesetzt wird.

Herkunft: Bei uns in lichten Wäldern, besonders auf nährstoffreichen Böden verbreitet.

Anbau: Man setzt einzelne Rhizome ein, die man vom Nachbarn erhält. Junge Pflanzen kann man auch kaufen. Der Waldmeister verlangt einen lockeren nährstoffreichen Boden. Die Lichtansprüche dieser Waldpflanze sind gering. Waldmeister mag es eher schattig. Wasser benötigt er dagegen reichlich, der Boden sollte stets feucht gehalten werden.

Pflegemaßnahmen: Keine.

Zeitplan: Sobald der Stock gut angewachsen ist, wird jährlich vor dem Aufblühen im Mai das Kraut geerntet.

Anbau im Topf oder auf dem Balkon: Kaum lohnend; allenfalls in Dauerbepflanzungen kann Waldmeister gehalten werden.

Ernte und Aufbewahrung: Das Kraut wird vor der Blüte geschnitten. Dann läßt man es anwelken und verwendet es in dieser Form. Zur Aufbewahrung kann man es zwar trocknen, dann verliert es aber sehr stark an Geschmack.

Verwendung: Überwiegend zu Getränken (Maitrank, Maiwein, Maibowle), auch zu Süßspeisen.

Gesundheit: Wegen des Cumarins ist der Waldmeister eher schädlich, denn er verhindert die Blutgerinnung. Er sollte deshalb bei Behandlung mit Gerinnungshemmern, von Personen mit verzögerter Blutgerinnung oder im Übermaß nicht genossen werden. Der Tee aus dem getrockneten Kraut gilt als Schlafmittel.

WALDMEISTER
(Asperula odorata)

WEINRAUTE

Wissenschaftlicher Name: RUTA GRAVEOLENS (Rutaceae – Rautegewächse).

Bedeutung des Namens: »-raute« von lat. ruta; »Wein-« wegen des Gebrauches als Weingewürz.

Beschreibung: Strauchige Staude mit einem kräftigen Wurzelstock, aus dem zahlreiche Sprosse herauswachsen, die im unteren Teil verholzen. Oberwärts sind sie glatt und grünblau-grau überlaufen. Die Blätter sind etwa 15 cm lang, gefiedert und besitzen linealisch-rautenförmige Zipfel. Die Blüten sind gelb, 4- oder 5-zählig, etwa 2 cm im Durchmesser und in einer Trugdolde zusammengefaßt. Aus ihnen gehen kleine, etwa 4 mm im Durchmesser messende Kapseln hervor. Die ganze Pflanze, insbesondere die Blüten, haben einen intensiven unangenehmen Geruch, der zur Anlokkung bestäubender Insekten dient (sogenannte »Ekelblumen«). Der Geschmack ist herb-aromatisch und etwas teerartig; wegen seiner Intensität wird die Weinraute nur getrocknet verwendet.

Herkunft: Östliches Mittelmeergebiet; durch die Kultur verbreitet; in Deutschland an klimatisch günstig gelegenen Erhebungen (Burghügeln) verwildert.

Anbau: Die Weinraute läßt sich leicht ansäen, nach dem Auflaufen kultiviert man den kräftigsten Sämling weiter. Bewurzelte Seitentriebe lassen sich ebenfalls leicht erhalten. Ihre Bodenansprüche sind gering; sie bevorzugt jedoch kalkhaltigen Boden. Bei einer Humuszugabe im Herbst sollte man zusätzlich Kalk darüberstreuen. An Licht und Sonne stellt die Weinraute hohe Anforderungen. Sie sollte einen geschützten und gleichzeitig sonnigen Standort bekommen. Wasser benötigt sie kaum.

Pflegemaßnahmen: Gut wachsende Stöcke werden zurückgeschnitten, sofern sie nicht ohnehin auswintern. Blühende Triebe werden nach dem Fruchtansatz entfernt.

Zeitplan: Ansaat im April, Blüte im Juni/Juli.

Anbau im Topf oder auf dem Balkon: Wegen des unangenehmen Geruches nicht zu empfehlen.

Ernte und Aufbewahrung: Die Blätter werden getrocknet, von den Stengeln abgestreift und aufbewahrt. Frisch wird die Weinraute nur als Weingewürz (einen Stengel mit vier bis fünf Blättern gibt man in eine Flasche Wein) verwendet.
Trocken eignet sie sich zu Braten, Eierspeisen und vor allem zu Wild.

Gesundheit: Der Weinraute werden viele Wirkungen zugeschrieben; vor allem gilt sie als Aphrodisiacum. Es existieren jedoch kaum gesicherte Kenntnisse. Der Tee wird von Sebastian Kneipp als Stärkungsmittel empfohlen. Wegen des hohen Gehaltes an ätherischen Ölen ist sie in größeren Mengen giftig.

WEINRAUTE
(Ruta graveolens)

WERMUT Absinth

Wissenschaftlicher Name: ARTEMISIA ABSINTHIUM (Asteraceae – Korbblütler).

Bedeutung des Namens: Absinth von griechisch »absinthos« = unerfreulich.

Beschreibung: Ausdauernde Staude, die jedoch meist nicht unbegrenzt alt wird, sondern plötzlich ohne ersichtlichen Grund im Frühjahr nicht mehr austreibt. Die Stengel werden bis 1 m hoch; sie sind verzweigt und im unteren Teil verholzt. Sprosse, Blätter und Blütenköpfe sind weißfilzig behaart. Die Blätter werden bis 10 cm lang; sie sind geteilt und haben lanzettlich-zugespitzte Zipfel. Die Blüten sind gelb; sie stehen zu wenigen in kleinen Köpfchen, von 3–4 mm Durchmesser, die ihrerseits in großer Zahl an den Zweigenden gebildet werden. Der Geschmack ist bitter aromatisch.

Herkunft: Die Pflanze stammt aus dem Orient und ist wohl schon in der Bronzezeit bei uns eingewandert, als durch die Beweidung freie Flächen entstanden. In der Antike galt der Wermut als Symbol der Bitterkeit und Traurigkeit (»Wermutstropfen«).

Anbau: Man sät im Frühjahr an und vereinzelt die Pflanzen, nachdem sie eine Größe von 5 cm erreicht haben. Günstiger noch ist es, eine junge Pflanze zu kaufen und gleich an ihren endgültigen Standort zu setzen. Wermut benötigt einen guten, möglichst nährstoffreichen Boden, der zudem kalkhaltig sein sollte. Außerdem muß der Standort sonnig und warm sein. Bewässerung benötigt der Wermut dagegen praktisch nicht.

Pflegemaßnahmen: Man entfernt die blühenden Triebe, um ein Aussamen zu verhindern. Im Winter deckt man die Staude mit Reisig als Frostschutz ab.

Zeitplan: Nach dem Erstarken spätestens im zweiten Jahr kann geerntet werden.

Anbau im Topf oder auf dem Balkon: Allenfalls für Daueranpflanzungen geeignet, aber nicht zu empfehlen.

Ernte und Aufbewahrung: Man erntet die Zweige und benutzt die Blätter, entweder frisch oder getrocknet.

Verwendung: Neben Beifuß zu fetten Fleisch- oder Fischspeisen. Jedoch sehr sparsam, da er die Gerichte sonst zu bitter macht. Außerdem dient Wermut als Weingewürz (Wermutwein).

Gesundheit: Wermut gilt als appetitanregend; einen Tee benutzt man auch gegen Magenverstimmung, als Wurmmittel und gegen Menstruationsbeschwerden. Wermut hält außerdem Ungeziefer (Flöhe, Motten und Wanzen) fern.
Im Übermaß genossen (Absinthlikör), führt Wermut zu Schwindel, Krämpfen und Erbrechen. Schwangere sollten Wermut nicht genießen, er kann zu Fehlgeburten führen.

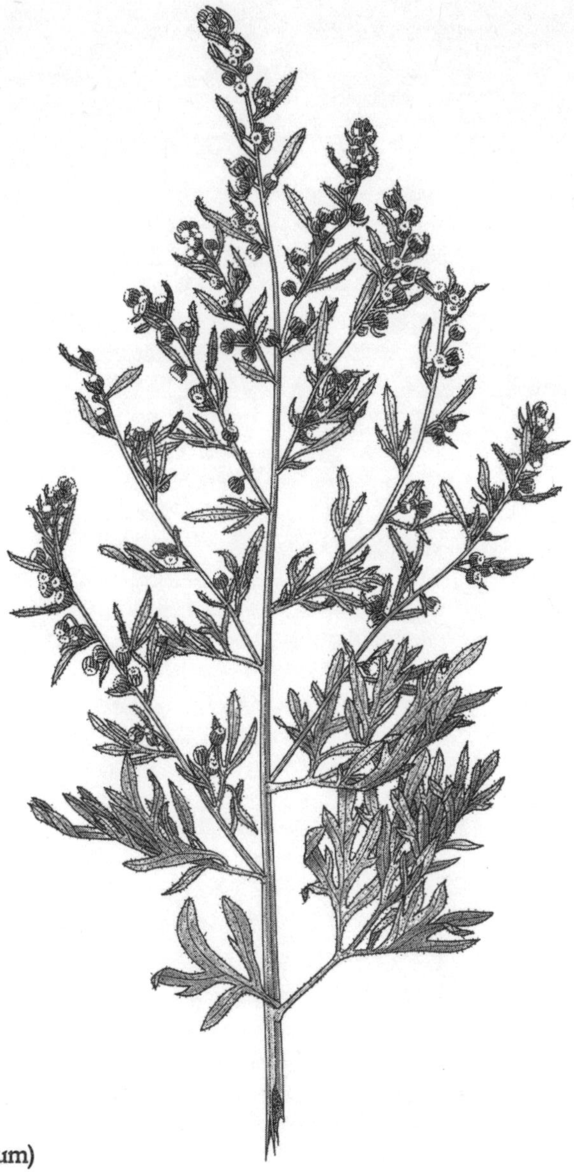

WERMUT (**Artemisia absinthium**)

YSOP

Wissenschaftlicher Name: YSOPUS OFFICINALIS (Lamiaceae – Lippenblütler).

Bedeutung des Namens: Aus dem Griechischen – die damit ursprünglich benannte Pflanze ist allerdings unbekannt.

Beschreibung: Dichter und sparrig verzweigter Halbstrauch bis etwa 60 cm Höhe. Die jungen Sprosse sind grün und etwas behaart, die älteren braun und verholzt. Die Blätter stehen zunächst gegenständig, sie sind länglich-lanzettlich bis 3 cm lang, 8 mm breit und dicht mit kleinen Drüsen besetzt, die die Inhaltsstoffe produzieren. Häufig stehen in den Achseln der Blätter weitere kleine Blätter in dichten Büscheln. Die Blüten stehen in endständigen, langen Ähren, sie sind blau und so dekorativ, daß man den Ysop auch gut im Staudenbeet halten kann.
Der Geschmack ist aromatisch und bitter.

Herkunft: Felspflanze des Mittelmeergebietes; bei uns zuerst als Bienenfutter eingeführt.

Anbau: Ysop wird als Jungpflanze angeboten; außerdem samt er sich leicht aus, so daß man ihn jederzeit von einem Nachbarn, der einen solchen Strauch hat, erhalten kann. Der Ysop beansprucht einen lockeren, warmen Boden mit guter Nährstoffversorgung; man sollte ihn daher jährlich mit Gartenkompost versorgen. Als Felspflanze benötigt er viel Sonne. Der Standort sollte gleichzeitig geschützt sein, denn als Mittelmeerpflanze ist er nicht vollständig winterhart. Gießen ist fast unnötig.

Pflegemaßnahmen: Die Blütenstände werden rechtzeitig vor der Samenbildung geschnitten, damit sich der Strauch nicht zu stark aussamt. Rückschnitt am besten durch Entfernen der ausgewinterten Teile.

Zeitplan: Ansaat im Frühjahr unter Glas. Nach Erstarken des ausgepflanzten Ysop kann jederzeit geerntet werden; Auspflanzen oder Versetzen von Jungpflanzen sind während des Frühjahrs und Sommers möglich.

Anbau im Topf oder auf dem Balkon: Allenfalls für Dauerbepflanzung geeignet; hier ist jedoch besonders auf guten Frostschutz zu achten. Wegen seiner dichten Blattmasse und seiner blauen Blüten wirkt Ysop recht dekorativ.

Ernte und Aufbewahrung: Benutzt werden die Blätter, die man einzeln abnimmt. Ysop läßt sich trokken aufbewahren, er kann aber ganzjährig frisch geerntet werden.

Verwendung: Sehr sparsam zu Braten, Saucen und Eintöpfen. Zu Rohkost ungeeignet, da er dann zu intensiv schmeckt.

Gesundheit: Ysop gilt als erprobtes Mittel gegen Erkrankungen der Luftwege wie Erkältungen, Husten, Verschleimung und Entzündung der Atemwege. Er wird hierfür als Tee genommen. Ysop gilt außerdem als Anregungsmittel für den gesamten Magen-Darm-Trakt.

YSOP **(Ysopus officinalis)**

REZEPTE AUS DER KRÄUTERKÜCHE

Kräutersuppe für 4 Personen:

200 g frische Kräuter (Kerbel, Sauerampfer, Petersilie, Tripmadam) wie angegeben ernten und gut zerkleinern (»wiegen«);
Einbrenne aus Mehl und Fett herstellen, die zerkleinerten Kräuter und Wasser hinzugeben und 5 Minuten aufkochen lassen (nicht länger, denn die Petersilie wird sonst bitter).
Nach Belieben mit Salz, Rahm, Kondensmilch, geriebenem Käse oder einem Ei abschmecken.

Kräuteressig

In eine 1-l-Flasche füllt man
1/2 Teelöffel Salz,
bis zur Hälfte eine Mischung aus gehackten, frischen Kräutern (die geeigneten Kräuter sind aus der Tabelle auf Seite 140 zu entnehmen).
Die Flasche gut mit Weinessig auffüllen, dabei auf Luft zwischen den gehackten Kräutern achten.
Den Ansatz läßt man 2 bis 4 Wochen stehen, dann filtert man ab und bewahrt den gebrauchsfertigen Kräuteressig wie üblich auf.
Verwendet man ausschließlich Estragon, so erhält man den bekannten Estragon-Essig.

Kräuteröl

Zerkleinerte Kräuter (vergleiche Tabelle) werden bis zur Hälfte in eine gut verschließbare Flasche gefüllt. Diese überschichtet man mit einem Pflanzenöl ohne Eigengeschmack.
Das Kräuteröl ist sofort gebrauchsfertig, es ist aber nur vier bis sechs Wochen haltbar. Verwendet man getrocknete Kräuter, braucht man etwa die anderthalbfache Kräutermenge; das Kräuteröl ist dann jedoch wegen des fehlenden Wassers länger haltbar.

Kräuteromelette für vier Personen.

Zutaten:
3 Eßlöffel feingewiegte Kräuter (Petersilie, Schnittlauch, Basilikum, Kerbel, Bohnenkraut, Thymian, Dost, Dill oder Borretsch),
8 Eier
6 Eßlöffel Milch
6 Eßlöffel Mehl
Salz nach Geschmack.
Die Zutaten werden gut verquirlt und die Omelettes wie üblich mit etwas Öl oder Butter gebraten.

Kräutersauce

200 g frische Kräuter gut zerkleinern (»wiegen«). Diese Menge entspricht etwa dem Bedarf von vier Personen; die in Betracht kommenden Kräuter entnehme man der Tabelle.
Einbrenne aus Mehl und Fett wie üblich herstellen, die Hälfte der zerkleinerten Kräuter in die Sauce geben, kurz aufkochen lassen; dann den Topf von der Flamme nehmen und den Rest einrühren; eventuell mit Salz und etwas Zitrone abschmecken.

Kräutermayonnaise

In ein Glas (500 g) käufliche Mayonnaise gibt man 6 Eßlöffel sehr fein gewiegte frische Kräuter. Hierzu eignen sich Dill, Petersilie, Schnittlauch, Estragon, Ysop, Kerbel, Zitronenmelisse, Borretsch, Bibernell, Tripmadam und andere.

Kräuter der Provence

(französische Kräutermischung)
Zu gleichen Teilen mischt man zusammen:
Thymian, Rosmarin, Lavendel, Bohnenkraut und Ysop aus dem Garten;
dazu gibt man Nelken, Muskat, Orangenschale und ein Lorbeerblatt.
Die Mischung wird gern für pikante Fleischspeisen genommen, denen man ein »südländisches Flair« geben möchte.

Kräutertee

Das folgende Beispiel eines Kräutertees läßt sich als Anhaltspunkt für entsprechende Mischungen nehmen:
2 Zweige (etwa 15 cm lang) frischer Zitronenmelisse,
2 Zweige (etwa 15 cm lang) frischer Pfefferminze;
10 g frische Apfelschalen
überbrüht man in einer 1-l-Kanne mit kochendem Wasser und läßt sie etwa 6 Minuten ziehen. Der fertige Tee wird dann in die Tassen gegossen.
Verwendet man getrocknete Kräuter, so benötigt man statt eines Zweiges etwa einen leicht gehäuften Teelöffel. Nach dem Ziehen muß abgeseiht werden.
Als Zutaten (außer den in der Tabelle angegebenen) eignen sich Hibiscusblüten, Himbeerblätter (auch frisch), Blätter der Schwarzen Johannisbeere (frisch), Kamillenblüten oder getrocknete Orangenblüten. In kleinen Mengen auch Ysop, Salbei oder Wermut.

Kräuterlikör

Zum Schluß noch ein Rezept zur Bereitung eines Kräuterlikörs, Marke »Eigenbau«:
8 bis 10 kräftige Sprosse Pfefferminze und etwa 5 Sprosse Zitronenmelisse
werden in einer Literflasche mit käuflichem ungefähr 45%igen (Obst-)Branntwein versetzt. Dazu gibt man
einige Korianderkörner, zerstoßen und
3 bis 4 Gewürznelken.
Das Ganze süßt man mit 200 g braunem Zucker (oder feinem braunem Kandiszucker).
Diesen Ansatz läßt man zwei Monate reifen, wobei man hin und wieder die Flasche umdreht oder durchschüttelt. Dann gießt man durch ein Tuch ab.
Bei Verwendung von reinem Alkohol (96%) benötigt man nur 400 ml; man kann dann mit Honig oder Orangensirup (250 ml) süßen und mit Wasser auffüllen.

Welche Kräuter für welche Gerichte?

	Bratkartoffeln	Brot	Eierspeisen	Einlegen	Eintöpfe	Fisch	Fleisch	Geflügel	Gemüse, Pilze	Kräuteressig	Kräuteröl	Liköre	Salat (Rohkost)	Saucen	Suppen	Süßspeisen	Tee (Kräutertee)	Wild	Besonderes
Anis		x									x	x				x	x		Gebäck
Basilikum			x			x	x						(x)	x	(x)				
Beifuß							x	x					(x)		(x)			x	
Bibernell						(x)				x			x		x				
Bohnenkraut	x		x				(x)		x										
Borretsch										x	x		x						
Brunnenkresse													x						
Dill	x		x	x		x				x	x		x	x	x				
Estragon				x		x				x	x		x						Essig
Fenchel – Knolle									x				x						
Fenchel – Früchte		x		x						(x)		x		x			x		
Kamille							(x)					x					x		
Kapuzinerkresse										x			x						
Kerbel						x					x		x	x	x				
Knoblauch	x		x		x	x	x	x						x	x				
Koriander		x				x						x		x					
Kresse	x									x			x						Quark
Kümmel	x	x		x x	x		x		x	x	x						x		
Lavendel			(x)		x	x									x	x			Bäder
Liebstöckel	x		x	x			x		x			x	(x)	x	x				
Majoran			x		x		x	x						x	x				Wurst

Welche Kräuter für welche Gerichte? (Fortsetzung)

	Bratkartoffeln	Brot	Eierspeisen	Einlegen	Eintöpfe	Fisch	Fleisch	Geflügel	Gemüse, Pilze	Kräuteressig	Kräuteröl	Liköre	Salat (Rohkost)	Saucen	Suppen	Süßspeisen	Tee (Kräutertee)	Wild	Besonderes
Meerrettich						x	x											x	
Melisse							x		x	x		x	x	x			x		
Oregano	x				x	x	x	x			x			x	x				Pizza
Paprika	x		x	x	x	x	x	x	x				x	x	x				
Petersilie	x		x		x	x	x	x	x	x	x		x		x			x	
Pfefferminze							(x)			x		x		x	(x)		x		
Portulak				x									x		x				
Ringelblume													x				x		
Rosmarin			x			x	x							x	x			x	
Salbei								x				x					(x)	x	Salbeiküchlein
Sauerampfer				x		x							x	x	x				
Schalotte	x		x	x	x	x	x		x	x			x	x	x				
Schnittlauch	x		x		x						x		x						Quark
Senf				x		x	x	x		x								x	
Thymian			x		x		x					x		x	x			x	
Tripmadam			x										x	x					Wein
Waldmeister																x			Wein
Weinraute				x			x			x									Wein
Wermut	x		x			x	x					x		x			(x)		Wein
Ysop							x				x			x				x	

(x) = in kleinen Mengen

REGISTER

Normale Seitenzahlen verweisen auf Vorkommen des Begriffs im Text, unterstrichene auf Farbabbildungen der Kräuter. Zwei fettgedruckte Seitenzahlen mit Schrägstrich führen zu den ausführlichen Pflanzenporträts mit Zeichnung und Text.